Elias Bader, Hubert Krättli

Fledermausschutz

Der Ratgeber für die Praxis

Haupt Verlag

Zu den Autoren
Elias Bader ist seit rund 15 Jahren im Fledermausschutz tätig. Er studierte Biologie und Umweltwissenschaften an der *Universität Zürich* und dem *Smithsonian Tropical Research Institute*, war zehn Jahre *Kantonaler Fledermausschutz-Beauftragter* Solothurn und ist seit 2016 Wissenschaftlicher Mitarbeiter der *Stiftung Fledermausschutz*. Daneben ist er Inhaber eines Umweltbüros.
Hubert Krättli ist promovierter Biologe und Mittelschullehrer. Seit 2002 arbeitet er bei der *Stiftung Fledermausschutz* – zunächst als Wissenschaftlicher Mitarbeiter, seit 2016 als Geschäftsführer. Er war zudem vier Jahre *Kantonaler Fledermausschutz-Beauftragter* Schwyz, ist Leiter der *Koordinationsstelle Ost für Fledermausschutz* KOF und Mitglied des *Advisory Committee* von *Eurobats*.

1. Auflage: 2022

ISBN 978-3-258-08216-5

Umschlag, Gestaltung und Satz: Roman Bold & Black, D-Köln
Lektorat: Jorunn Wissmann, D-Binnen

Zitierung
Bader, E. & Krättli, H., 2022. Fledermausschutz. Der Ratgeber für die Praxis. Haupt, Bern. 176 S.

Wir verwenden FSC-Papier. FSC sichert die Nutzung der Wälder gemäß sozialen, ökonomischen und ökologischen Kriterien.
Gedruckt in Slowenien

FSC
www.fsc.org
MIX
Papier aus verantwortungsvollen Quellen
FSC® C106954

Diese Publikation ist in der Deutschen Nationalbibliografie verzeichnet.
Mehr Informationen dazu finden Sie unter http://dnb.dnb.de.

Der Haupt Verlag wird vom Bundesamt für Kultur für die Jahre 2021–2024 unterstützt.

Wir verlegen mit Freude und großem Engagement unsere Bücher. Daher freuen wir uns immer über Anregungen zum Programm und schätzen Hinweise auf Fehler im Buch, sollten uns welche unterlaufen sein. Falls Sie regelmäßig Informationen über die aktuellen Titel im Bereich Natur & Garten erhalten möchten, folgen Sie uns über Social Media oder bleiben Sie via Newsletter auf dem neuesten Stand!

www.haupt.ch

Inhalt

Einleitung

Im Sommer 1992 brachten zwei junge Biologen, Hans-Peter Stutz und Marianne Haffner, unter dem Titel «Aktiver Fledermausschutz» drei kleine Bände mit Richtlinien zum Schutz von Fledermauslebensräumen heraus. In der Einleitung ist nachzulesen, dass Fledermäuse eine intakte Umwelt brauchen, eine ausreichende Nahrungsgrundlage und ein ausreichendes Quartierangebot. An diesen Ansprüchen hat sich seither nichts geändert, doch ist in den letzten 30 Jahren viel passiert: Lichtverschmutzung war damals nur ein Randthema, und von Windenergieanlagen, die Fledermäuse erschlagen können, sprach niemand. Die Siedlungsentwicklung hat rasant zugenommen und mit ihr der Ruf nach neuen und breiteren Straßen. Die Auswirkungen von Pestiziden auf die Umwelt sind deutlich spürbar, ebenso die voranschreitende Klimaerwärmung. Der Druck auf unsere Fledermäuse hat dadurch weiterhin zugenommen.

Auf der anderen Seite hat man erkannt, wie wertvoll Fledermäuse für unsere Ökosysteme sind. Der Fledermausschutz hat sich weiter professionalisiert, das Ausbildungsangebot wurde stark ausgebaut, man hat Online-Datenbanken entwickelt sowie wissenschaftliche Institutionen, welche Artenschutz und Forschung vorantreiben, miteinander vernetzt.

Die Welt hat sich also in den letzten 30 Jahren verändert, die Ansprüche der Fledermäuse sind aber gleich geblieben. Höchste Zeit also, die Richtlinien auf den neuesten Stand zu bringen und ein Buch herauszugeben, das den Veränderungen der letzten drei Jahrzehnte Rechnung trägt. Wir zeigen die Probleme auf, mit welchen Fledermäuse in unserer Umwelt heute zu kämpfen haben. Der Fokus liegt dabei auf konkreten Maßnahmen zum Schutz und zur Förderung von Fledermäusen, denn wir sind überzeugt: Jede und jeder kann mithelfen, den Fortbestand unserer Fledermäuse zu sichern – man muss es nur tun.

Dieses Buch richtet sich primär an die naturinteressierte Bevölkerung und an Personen, welche aktiv Fledermäuse schützen und fördern wollen, aber auch an politische Entscheidungsträger, Ämter und Umweltbüros. So ist mit Toleranz gegenüber unseren heimlichen Königinnen der Nacht bereits viel erreicht. Viele Maßnahmen sind zudem sehr einfach umzusetzen.

Elias Bader & Hubert Krättli

Biologie

Fledermäuse sind Säugetiere wie wir Menschen, sie haben Haare und säugen ihre Jungtiere mit Muttermilch. Fledermäuse verfügen aber auch über etliche Eigenschaften, welche sie von uns Menschen unterscheiden. So sind die Vorderextremitäten zu Tragflächen umgewandelt. Fledermäuse können ihre Körpertemperatur aktiv absenken, und sie können sich mithilfe von Ultraschallrufen bei völliger Dunkelheit orientieren. Die wichtigsten dieser Eigenschaften zu kennen, ist eine Grundvoraussetzung für den praktischen Fledermausschutz.

Nachtaktivität

Wie viele kleine Säugetiere sind auch Fledermäuse hauptsächlich dämmerungs- und nachtaktiv. In Kombination mit ihrem Flugvermögen und der Fähigkeit, sich im Dunkeln zu orientieren, konnten sie sich eine nahezu konkurrenzfreie ökologische Nische erschließen, welche zu einer großen Artenvielfalt von weltweit rund 1500 Fledertierarten geführt hat.

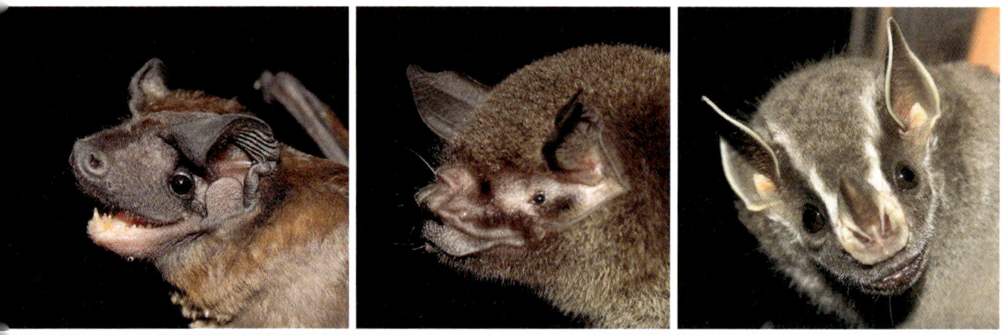

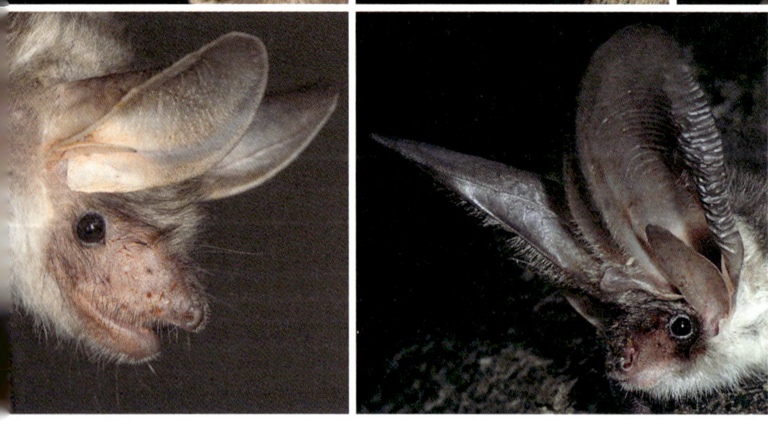

Nach den Nagetieren bilden Fledertiere mit rund 1500 bekannten Arten die zweitgrößte Säugetierordnung.

Flugfähigkeit

Als einzige Säugetiergruppe sind Fledermäuse in der Lage, aktiv zu fliegen. Sie können sich also aus eigener Kraft in der Luft halten, vorwärts und aufwärts fliegen.

Wann sich die Flugfähigkeit der Fledermäuse entwickelte, ist noch nicht abschließend geklärt. Bis heute wurden keine fossilen Zwischenstufen zwischen den Fledermäusen, wie wir sie heute kennen, und ihren noch nicht flugfähigen Vorfahren gefunden. Bereits vor 50 Millionen Jahren gab es flugfähige Fledermäuse, die sich im Bauplan nur geringfügig von heute lebenden Arten unterschieden.

Beim Fliegen wirken andere, deutlich stärkere Kräfte auf einen Körper als bei der Fortbewegung am Boden. Zudem kostet das Fliegen sehr viel Energie. Aus diesem Grund weicht der Bauplan der Fledermäuse in vielerlei Hinsicht von demjenigen bodenbewohnender Säugetiere ab:

- Vom Hals an spannt sich über die Extremitäten eine Flughaut aus elastischem, lebendem Gewebe, welche beim Fliegen als Tragfläche dient.
- Die Unterarme, Mittelhandknochen und Finger sind stark verlängert, um große Tragflächen zu bilden und die Flughaut aufzuspannen.
- Das Herz einer Fledermaus schlägt im Flug über 1000-mal pro Minute und ist rund dreimal so groß wie das von bodenlebenden Säugetieren ähnlicher Größenordnung. Dadurch ist das Blutvolumen, das pro Zeiteinheit durch den Körper fließt, bei Fledermäusen besonders groß.
- Die Oberfläche der Lungenbläschen ist rund zweieinhalbmal so groß wie diejenige bei vergleichbar großen bodenlebenden Säugetieren. Der Sauerstoffaustausch ist dadurch stark erhöht, und der Körper wird im energieintensiven Flug äußerst effizient mit Sauerstoff versorgt.

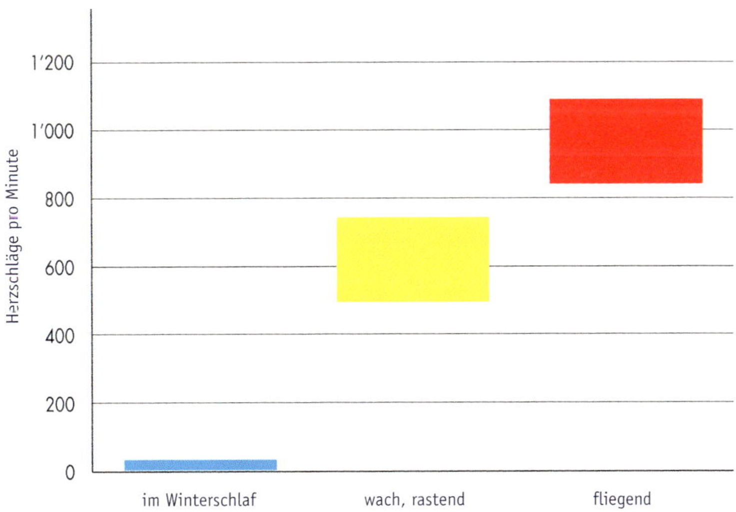

Spanne der Herzschlagfrequenzen von Fledermäusen bei unterschiedlicher Aktivität. Je nach Fledermausart können die Zahlen abweichen. Fledermäuse können ihre Herzschlagfrequenz zudem innerhalb weniger Sekunden stark erhöhen.

Kopfüberhängen

Fledermäuse hängen sich so mit ihren Zehen an den Untergrund, dass ihr Körperschwerpunkt unterhalb der Füße liegt. Dadurch wirken nicht nur deutlich schwächere Kräfte auf Gelenke und Knochen als beim Stehen, sondern es wird auch der Energieaufwand dafür eingespart. Einige Besonderheiten bieten ihnen hierbei Vorteile:

- Die Hinterbeine sind um 180 Grad gedreht. Eine Fledermaus schaut sich also nicht auf die Fußrücken wie wir, sondern auf ihre Sohlen. Dadurch hängt sie mit dem Bauch zum Untergrund und hat freie Sicht nach vorn und unten, was das Abfliegen deutlich erleichtert. Beim Landen hingegen vollführen Fledermäuse eine elegante Drehung in der Luft, damit sie sich mit den Füßen nach oben einhaken können.
- An den Zehen und am Daumen verfügen Fledermäuse über einen Sehnensperrmechanismus. Sie können dadurch ohne Kraftaufwand hängen und fallen oft nicht einmal herunter, wenn sie gestorben sind. Eine Fledermaus muss nur Kraft aufwenden, um die Zehen bzw. den Daumen wieder zu lösen.
- Knochenmasse und Muskulatur an den Hinterbeinen sind stark reduziert. Dies führt zu einer Reduktion des Gewichtes und damit zu geringerem Energieverbrauch im Flug.

Wärmeregulation

Fledermäuse sind wie alle Säugetiere in der Lage, ihre Körpertemperatur deutlich über der Umgebungstemperatur zu halten und dadurch auch bei kühlen Temperaturen aktiv zu sein. Außergewöhnlich hingegen ist, dass sie die Körpertemperatur in Ruhepausen auch gezielt absenken können. Im Winterschlaf folgt sie der Umgebungstemperatur bis knapp über null Grad Celsius. Der Energieverbrauch im Winterschlaf ist dank dieser Fähigkeit rund 400-mal geringer als im Wachzustand. Für den Winterschlaf legen Fledermäuse zudem Fettreserven an.

Schlechtwetterphasen können Fledermäuse im Sommerhalbjahr in Tagesschlaflethargie (Torpor) überdauern. Die Körpertemperatur wird dabei auf rund fünf Grad Celsius über der Umgebungstemperatur abgesenkt; die Energieersparnis ist infolgedessen geringer als im Winterschlaf. Dank ihrer wärmeregulatorischen Fähigkeiten können Fledermäuse den Winter oder längere Schlechtwetterperioden im Sommer überleben, ohne zu verhungern.

Echoorientierung

Um sich auch bei völliger Dunkelheit orientieren zu können, stoßen Fledermäuse für das menschliche Gehör meist zu hohe, nur Millisekunden lange Rufe aus. An den Echos dieser Ultraschallrufe erkennen Fledermäuse die Entfernung zu Objekten, deren Größe, Form und Oberflächenbeschaffenheit. Fledermäuse erzeugen ein «Hörbild» ihrer Umgebung, welches unserer optischen Wahrnehmung vermutlich sehr nahekommt. Selbst Strukturen von der Dicke eines Haares sind so identifizierbar. Mithilfe der Echos ihrer Ultraschallrufe können Fledermäuse auch ihre Beutetiere lokalisieren und fangen.

Hohe Lebenserwartung

Grundsätzlich haben größere Tiere eine höhere Lebenserwartung als kleinere. Unsere Fledermäuse sind mit einem Körpergewicht von etwa 4 bis 40 Gramm kleine Tiere, jedoch können sie auch unter natürlichen Bedingungen ein Höchstalter von über 30 Jahren erreichen. Den Rekord hält eine Brandtfledermaus mit mindestens 42 Jahren. Im Normalfall erreichen derart kleine Säugetiere nur ein Alter von wenigen Jahren, häufiger sogar nur ein paar Monaten.

Die durchschnittliche Lebenserwartung unserer Fledermäuse liegt dennoch meist zwischen drei und sechs Jahren. Dies ist auf eine hohe Jungensterblichkeit zurückzuführen. So können bei anhaltend schlechter Witterung während der Sommermonate bis über 90 Prozent der Jungtiere sterben, weil die Mütter nicht genügend Nahrung finden, um ausreichend Milch für die Jungen zu produzieren. Hat eine Fledermaus aber das erste Lebensjahr überstanden, stehen die Chancen gut, dass sie auch die nächsten fünf oder zehn überlebt.

Geringe Fortpflanzungsrate

Andere Säugetiere vergleichbarer Größe machen ihre kurze Lebenserwartung wett mit sehr hohen Fortpflanzungsraten: Aus einem Feldmauspärchen können unter optimalen Bedingungen innerhalb eines Jahres mehrere Hundert Tiere werden. Fledermausmütter hingegen bringen lediglich ein bis zwei Jungtiere pro Jahr zur Welt, und das oft nicht einmal jedes Jahr. Aufgrund dieser geringen Fortpflanzungsrate erfordern der Schutz und die Förderung von Fledermäusen immer ein langfristiges Engagement. Ist ein Bestand einmal dezimiert, dauert es oft viele Jahre, bis er sich wieder erholt hat.

Jahreszyklus

Im Jahreszyklus unserer einheimischen Fledermausarten gibt es deutliche Unterschiede zwischen den Geschlechtern.

Nach dem Winterschlaf bilden die Weibchen im Frühling zusammen mit Artgenossinnen Kolonien in Quartieren, welche man als Wochenstuben bezeichnet. Je nach Fledermausart finden sich aber auch einzelne Männchen und in seltenen Fällen Einzeltiere von anderen Fledermausarten in diesen Kolonien ein. In den Wochenstuben finden Trächtigkeit, Geburt und Jungenaufzucht statt. Die Geburten finden in Abhängigkeit von der Witterung meist im Juni statt, bei Hufeisennasen meist einen Monat später. Neugeborene Fledermäuse sind zwar nackt, blind und hilflos, haben aber bereits voll funktionsfähige Füße und Daumen und rund 20 bis 30 Prozent des Gewichts der Mutter. Bei einem Menschen würde dies einem Baby von der Größe eines Erstklässlers entsprechen. Tatsächlich hat ein menschliches Neugeborenes durchschnittlich «nur» knapp sechs Prozent, ein Mäusebaby rund vier Prozent des Körpergewichts der Mutter. Die Jungtiere von Fledermäusen sind bereits sechs bis acht Wochen nach der Geburt flügge; danach lösen sich die Kolonien wieder auf.

Während der Wochenstubenzeit sind die Männchen Einzelgänger oder schließen sich bei einigen Arten zu Männchengruppen zusammen. Im August beginnt die Paarungszeit, welche bis in den Spätherbst dauert. Bei einigen Arten wie dem Großen Abendsegler oder der Rauhautfledermaus balzen Männchen mit Gesängen oder Balzflügen um die Gunst der Weibchen und locken bis zu einem Dutzend in ihr Balzquartier. Die Weibchen wechseln oft nach einigen Tagen das Quartier und damit den Partner. Von den meisten anderen Arten ist kein typisches Balzverhalten bekannt. Mit Ausnahme der Langflügelfledermaus werden die Spermien über den Winter hinweg in der Gebärmutter gespeichert, die Befruchtung findet also erst nach dem Winterschlaf statt.

Vor, während oder nach der Paarungszeit führen einige Fledermausarten mehr oder weniger ausgedehnte Migrationsflüge durch. Einerseits können sie dadurch die kalte Jahreszeit in südlichen Regionen mit kürzeren Wintern verbringen, andererseits können sie das im Sommer kurzzeitig größere Angebot an Beuteinsekten im Norden nutzen.

Mit sinkenden Temperaturen und damit einhergehender abnehmender Insektenaktivität folgt der Winterschlaf. Er beginnt je nach Fledermausart und Witterung ab Oktober oder November und endet spätestens im Mai.

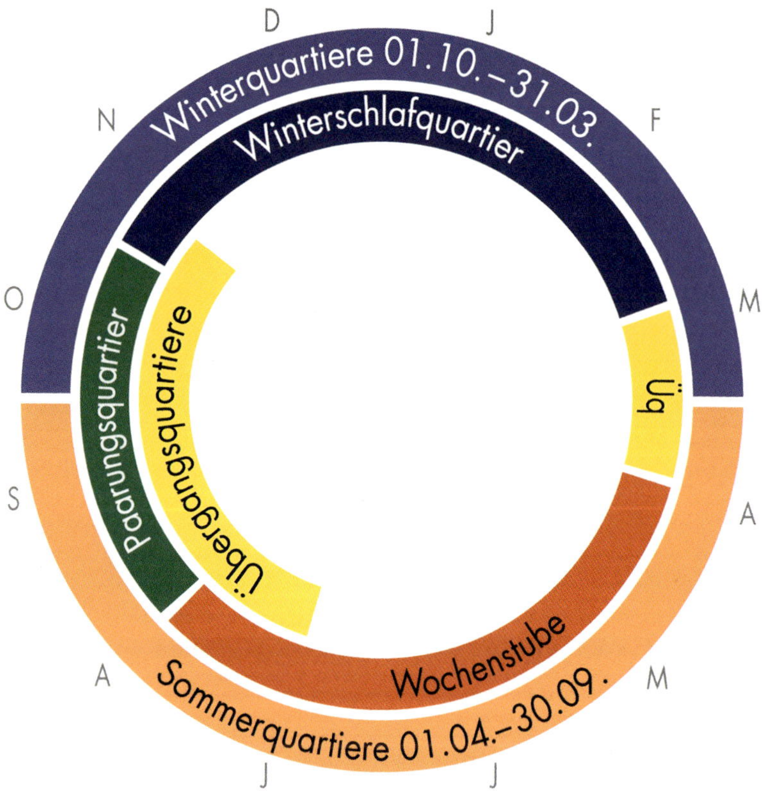

Stark vereinfachte, schematische Darstellung des Jahreszyklus eines Fledermausweibchens. Männchen leben während der Sommermonate meist einzelgängerisch und gesellen sich erst zur Paarungszeit zu den Weibchen. (Üq: Übergangsquartier)

Ökosystemleistungen

In Gesprächen taucht regelmäßig die Frage auf: «Wofür braucht es denn überhaupt Fledermäuse?» Man kann auf solche Fragen beispielsweise antworten, dass das Leben an sich etwas Wertvolles und deshalb schützenswert ist. Oder dass es unsere moralische Pflicht ist, unseren Nachkommen eine Welt zu hinterlassen, in welcher sie dieselben Möglichkeiten haben wie wir heute. Bei der Beratung von Problemfällen oder im Diskurs mit der Politik und dem Großteil der Öffentlichkeit erreicht man mit solchen Argumenten jedoch meist enttäuschend wenig – zu fest ist unsere Gesellschaft auf Leistung, Produktion und Gewinnmaximierung getrimmt.

Auf deutlich mehr Gehör stößt man, wenn man mit finanziellen Aspekten argumentiert. Man spricht in diesem Fall von Ökosystemleistungen – also Leistungen des Ökosystems, die uns einen Nutzen bringen. Ökosystemleistungen umfassen beispielsweise die Reinigung von Wasser und Luft, die Bestäubung von Nutzpflanzen, den Erholungseffekt in der Natur, den Schutz vor Naturgewalten und dergleichen mehr. Der Schätzung eines internationalen Forscherteams um Robert Costanza zufolge betrug allein im Jahr 2011 der Wert aller Ökosystemleistungen der Erde mindestens 125 Billionen, also 125 000 000 000 000 US-Dollar. Zum Vergleich: Das weltweite Bruttoinlandprodukt betrug zur selben Zeit rund 77 Billionen US-Dollar. Mit anderen Worten: Wir könnten es uns schlicht nicht leisten, wenn wir für all die Ökosystemleistungen aufkommen müssten. Es ist deshalb auch aus ökonomischer Sicht wichtig, dass wir die natürlichen Funktionen der Ökosysteme aufrechterhalten.

Fledermäuse fressen nachts riesige Mengen an Insekten und erbringen damit wichtige Ökosystemleistungen.

Unsere einheimischen Fledermäuse ernähren sich fast ausschließlich von Insekten. Dabei erjagen die meisten in Abhängigkeit ihrer Körpergröße und artspezifischen Jagdstrategie diejenigen Beutetiere, die gerade am zahlreichsten sind. Durch diese opportunistische Ernährung können sie substanziell zur Reduktion von in Massen auftretenden Insektenarten beitragen, zu welchen oft auch Nutzpflanzenschädlinge und «Quälgeister» wie Stechmücken gehören. Solche Insekten haben auf vielerlei Ebenen Einfluss auf Nutzpflanzen, Nutztiere und auch uns selbst. So können sie Pflanzen direkt durch Fraß schädigen, aber auch durch die Übertragung von Krankheitserregern wie Bakterien, Viren oder Pilzsporen. Bei Nutztieren können starke Fliegen- und Stechmückenbefälle neben der Übertragung von Krankheiten auch das Wachstum negativ beeinflussen, was am Ende weniger Gewinn für den Bauern bedeutet.

Der Maiszünsler gilt als Schädling im Maisanbau, wird aber gerne von Fledermäusen gefressen.

Um die Ökosystemleistungen unserer einheimischen Fledermäuse monetär zu beziffern, bedarf es Annahmen, die mit Unsicherheiten behaftet sind. Eigene Hochrechnungen ergaben, dass die Ökosystemleistungen, welche Fledermäuse für die Schweizer Land- und Forstwirtschaft in einem idealen Umfeld erbringen könnten, mindestens 450 Millionen CHF pro Jahr betragen. Dies entspricht gut 50 Franken pro Einwohnerin bzw. Einwohner und Jahr. Zum Vergleich: Manche Kantone investieren bisher nur wenige Rappen pro Einwohnerin bzw. Einwohner und Jahr in den Fledermausschutz.

Strategie Biodiversität und Ökologische Infrastruktur

Die Schweiz hat sich verpflichtet, den Rückgang der Biodiversität aufzuhalten, und deshalb eine Strategie Biodiversität mit einem *Aktionsplan Strategie Biodiversität* entwickelt. Im Aktionsplan werden 26 Maßnahmen formuliert, um den fortschreitenden Biodiversitätsverlust aufzuhalten. Bei einer Umsetzung dürften Fledermäuse von vielen Maßnahmen direkt oder indirekt profitieren. Aus Sicht des Fledermausschutzes zentrale Elemente sind dabei die spezifische Artenförderung, da viele Fledermausarten wegen ihrer komplexen Lebensraumnutzung hohe Ansprüche an die Umwelt haben, der Aufbau einer *Ökologischen Infrastruktur* sowie die Umweltbildung, die der Stiftung Fledermausschutz ein großes Anliegen ist.

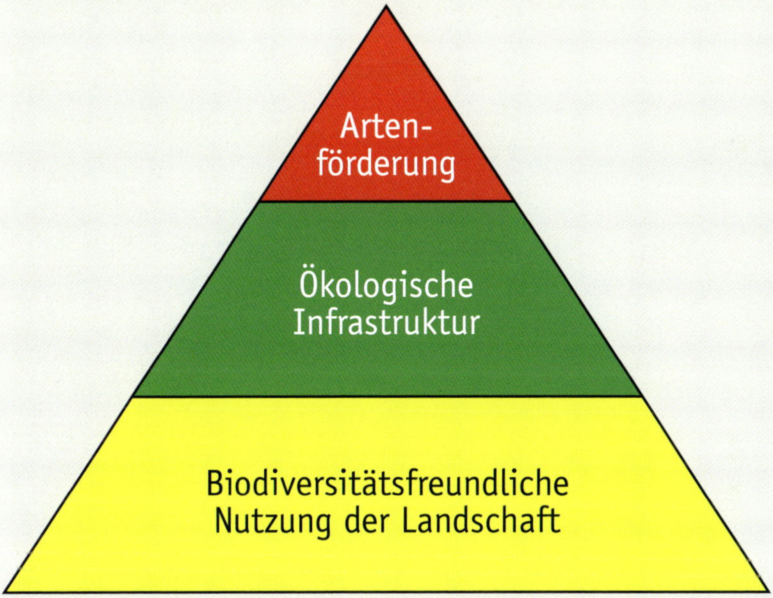

Für den Erhalt und die Förderung der Biodiversität definiert der Bund drei verschiedene Handlungsebenen. Auch wenn sie von Maßnahmen auf allen drei Ebenen profitieren, sind viele Fledermausarten aufgrund ihrer komplexen Lebensraumnutzung auf spezifische Artenfördermaßnahmen angewiesen.

Im Rahmen des Aufbaus einer Ökologischen Infrastruktur sollen Schutzgebiete aufgewertet, vergrößert und vor allem auch miteinander vernetzt werden.

Der Bund möchte dabei auch die Vernetzung von Dunkelflächen vorantreiben, wobei die Anliegen des Fledermausschutzes eine wichtige Basis bilden können: Viele Fledermausarten im Siedlungsraum sind nämlich auf strukturierte Dunkelkorridore angewiesen, um von ihren Quartieren ins Jagdgebiet und wieder zurück zu gelangen.

Zurzeit werden deshalb in der Schweiz mit verschiedenen Methoden bisher unbekannte Flugkorridore wichtiger Fledermauskolonien ermittelt, um sie anschließend zu sichern und bei Bedarf für die betroffenen Fledermäuse und andere Artengruppen aufzuwerten. Einen vielversprechenden Ansatz bildet methodisch eine Modellierung von Flugkorridoren über die ganze Schweiz hinweg mit dem *Geografischen Informationssystem (GIS)*.

Flug- oder Dunkelkorridore (DK 1–5) im 1-km-Radius um eine Wochenstubenkolonie des Großen Mausohrs. Die Basis für die Ermittlungen bildeten Modellierungen, die dabei helfen, tatsächliche Flugkorridore aufzuspüren, sie raumplanerisch zu verankern und via GIS den kommunalen und kantonalen Planungsstellen als Entscheidungsgrundlage zur Verfügung zu stellen.

Gesetzliche Grundlagen

Für viele Fledermausschützerinnen und -schützer ist ihre Arbeit eine Herzensangelegenheit. Sie engagieren sich, weil sie vom Sinn des Fledermausschutzes überzeugt sind. Der Schutz von Fledermäusen beruht aber nicht nur auf persönlichem Engagement, sondern stützt sich auf eine breite Palette nationaler und internationaler Gesetze und Abkommen. Je nach Land sehen diese etwas anders aus. Allen gemein ist, dass Fledermäuse in Europa rechtlich umfassend geschützt sind.

Schweiz

Bundesverfassung

Artenschutz und damit auch der Fledermausschutz fußen auf der Bundesverfassung. So steht in Artikel 78 der Verfassung:

- Für den Natur- und Heimatschutz sind die Kantone zuständig.
- Der Bund nimmt bei der Erfüllung seiner Aufgaben Rücksicht auf die Anliegen des Natur- und Heimatschutzes. Er schont Landschaften, Ortsbilder, geschichtliche Stätten sowie Natur- und Kulturdenkmäler; er erhält sie ungeschmälert, wenn das öffentliche Interesse es gebietet.
- Er kann Bestrebungen des Natur- und Heimatschutzes unterstützen und Objekte von gesamtschweizerischer Bedeutung vertraglich oder durch Enteignung erwerben oder sichern.
- Er erlässt Vorschriften zum Schutz der Tier- und Pflanzenwelt und zur Erhaltung ihrer Lebensräume in der natürlichen Vielfalt. Er schützt bedrohte Arten vor Ausrottung.

Gemäß Artikel 73 streben Bund und Kantone ein auf Dauer ausgewogenes Verhältnis zwischen der Natur und ihrer Erneuerungsfähigkeit einerseits und ihrer Beanspruchung durch den Menschen anderseits an (Nachhaltigkeitsprinzip). Gemäß Artikel 74 hat der Bund dafür zu sorgen, dass der Mensch und seine natürliche Umwelt vor schädlichen oder lästigen Einwirkungen geschützt werden. Dazu erlässt er Vorschriften und sorgt dafür, dass solche Einwirkungen vermieden werden. Die Kosten der Vermeidung und Beseitigung tragen die Verursacher (Verursacherprinzip). Ferner hat auch Artikel 77 Implikationen für den Fledermausschutz. In ihm steht:

- Der Bund sorgt dafür, dass der Wald seine Schutz-, Nutz- und Wohlfahrtsfunktionen erfüllen kann.

Davon sind auch waldbewohnende Fledermäuse mit ihren Ökosystemleistungen (siehe Kapitel S. 13) betroffen.

Natur- und Heimatschutzgesetz

Der Schutz der Fledermäuse wird im Natur- und Heimatschutzgesetz (NHG) sowie seiner zugehörigen Verordnung (NHV) geregelt. So sind gemäß Artikel 20 der NHV alle einheimischen Fledermausarten geschützt. Es ist verboten, sie zu töten, zu verletzen oder zu fangen sowie ihre Wochenstuben zu beschädigen oder zu zerstören. Darüber hinaus ist es verboten, Fledermäuse lebend oder tot mitzuführen, zu versenden, anzubieten, auszuführen, anderen zu überlassen, zu erwerben, in Gewahrsam zu nehmen oder bei solchen Handlungen mitzuwirken.

Die zuständige kantonale Naturschutzfachstelle kann jedoch Ausnahmebewilligungen erstellen, beispielsweise wenn ein Eingriff dem Erhalt der biologischen Vielfalt dient oder für technische Eingriffe notwendig ist, die standortgebunden sind und einem überwiegenden Bedürfnis entsprechen. In letzterem Fall muss sich ihr Verursacher zu bestmöglichen Schutz- oder angemessenen Ersatzmaßnahmen verpflichten.

Bei Missachtung dieses Gesetzes drohen bis zu einem Jahr Gefängnis oder 100 000 CHF Bußgeld.

Tierschutzgesetz

Auch das Tierschutzgesetz (TSchG) und seine zugehörige Verordnung (TSchV) haben Auswirkungen auf den Umgang mit Fledermäusen. So besagt das TSchG, dass niemand ungerechtfertigt einem Tier Schmerzen, Leid oder Schäden zufügen, es in Angst versetzen oder in anderer Weise seine Würde missachten darf. Das Misshandeln, Vernachlässigen oder unnötige Überanstrengen von Tieren ist verboten.

Bei Verstößen gegen dieses Gesetz drohen bis zu drei Jahre Haft.

Liechtenstein

Gesetz zum Schutz von Natur und Landschaft

Vergleichbar mit der Schweizer Gesetzgebung verbietet auch das liechtensteinische Gesetz zum Schutz von Natur und Landschaft (Naturschutzgesetz; NSchG) gemäß Artikel 28, Tieren der spezifisch geschützten Arten, zu welchen auch alle Fledermausarten gehören, nachzustellen, sie zu fangen, zu verletzen, zu töten oder an ihren Nist-, Brut-, Wohn- oder Zufluchtsstätten durch Aufsuchen, Fotografieren, Filmen oder ähnliche Handlungen zu stören.

Tierschutzgesetz

Das liechtensteinische Tierschutzgesetz ist weitestgehend identisch mit demjenigen der Schweiz.

EU

In der EU wird der Fledermausschutz teils über nationales Recht der Mitgliedsstaaten geregelt, teils über EU-Recht, wobei diese beiden Pfeiler miteinander verzahnt sind.

Richtlinie 92/43/EWG zur Erhaltung der natürlichen Lebensräume sowie der wildlebenden Tiere und Pflanzen (FFH-Richtlinie)

Die Richtlinie 92/43/EWG zur Erhaltung der natürlichen Lebensräume sowie der wildlebenden Tiere und Pflanzen, umgangssprachlich meist Fauna-Flora-Habitat-Richtlinie oder kurz FFH-Richtlinie genannt, ist eine Naturschutzrichtlinie der Europäischen Union. Sie enthält Vorgaben für das EU-weite Schutzgebietsnetz «Natura 2000». In Anhängen werden Lebensraumtypen und Arten festgelegt, die geschützt sind und für die Schutzgebiete ausgewiesen werden müssen. Für den Fledermausschutz wesentlich ist, dass alle europäischen Fledermausarten in Anhang IV gelistet sind und damit den strengsten gesetzlichen Schutz genießen; für 13 Fledermausarten (davon fünf mit Vorkommen in Deutschland) sind FFH-Gebiete auszuweisen. Die FFH-Richtlinie ist im Wesentlichen die Umsetzung der Berner Konvention. In der EU sind Richtlinien nicht unmittelbar gültig, sondern müssen zuerst in das jeweilige nationale Recht integriert werden. In Deutschland geschieht dies über das BNatSchG.

Deutschland

Bundesnaturschutzgesetz (BNatSchG)

In Deutschland bildet das Bundesnaturschutzgesetz (BNatSchG) die Basis für den Fledermausschutz. Gemäß Artikel 44 ist es verboten, besonders geschützten Tierarten nachzustellen, sie zu fangen, zu verletzen oder zu töten. Überdies ist es verboten, sie zu den Fortpflanzungs-, Aufzuchts-, Überwinterungs- und Wanderungszeiten erheblich zu stören, ihre Fortpflanzungs- oder Ruhestätten aus der Natur zu entnehmen, zu beschädigen oder zu zerstören. Eine weitere Schutzvorschrift in Artikel 39 enthält das Verbot, Höhlen oder andere Fledermaus-Winterquartiere in der Zeit vom 1. Oktober bis zum 31. März aufzusuchen. Für die Land- und Forstwirtschaft sowie für «Eingriffe und Vorhaben» gibt es hiervon in den Artikeln 44 und 45 jedoch verschiedenste Ausnahmen.

Österreich

In Österreich ist der Naturschutz Sache der Bundesländer, und zwar – anders als in der Schweiz – nicht nur seine Umsetzung, sondern auch die Gesetzgebung. Somit hat Österreich neun verschiedene Naturschutzgesetze. Weil sich jedoch auch diese an der FFH-Richtlinie (siehe oben) orientieren müssen und dadurch dem oben erwähnten BNatSchG recht ähnlich sind, wird hier auf eine detaillierte Erläuterung der einzelnen Gesetze verzichtet.

Internationale Abkommen

Übereinkommen über die Erhaltung der europäischen wildlebenden Pflanzen und Tiere und ihrer natürlichen Lebensräume (Berner Konvention)

Die Berner Konvention ist ein Völkerrechtsabkommen des Europarates, welches bis dato 46 europäische und vier afrikanische Länder (als Überwinterungsgebiete europäischer Zugvögel) unterzeichnet haben, darunter auch die Schweiz, Liechtenstein, Deutschland und Österreich. Das Übereinkommen hat zum Ziel, Tiere, Pflanzen und ihre natürlichen Lebensräume zu erhalten. Ein besonderes Augenmerk liegt dabei auf den Arten und Lebensräumen, deren Erhaltung eine grenzüberschreitende Zusammenarbeit erfordert. Dies betrifft insbesondere migrierende Tierarten, zu welchen auch mehrere Fledermausarten gehören. So fallen denn auch alle europäischen Fledermausarten außer der Zwergfledermaus unter die Berner Konvention.

Mit der Unterzeichnung des Übereinkommens verpflichten sich die Vertragsparteien, die geeigneten und erforderlichen gesetzgeberischen und Verwaltungsmaßnahmen zu ergreifen, um den besonderen Schutz der betroffenen wildlebenden Tierarten sicherzustellen. In Bezug auf Fledermäuse bedeutet dies insbesondere jede Form des absichtlichen Fangens, des Haltens und des absichtlichen Tötens, das mutwillige Beschädigen oder Zerstören von Brut- oder Raststätten, das mutwillige Beunruhigen wildlebender Tiere, vor allem während der Zeit des Brütens, der Aufzucht der Jungen und des Überwinterns. In der Schweiz ist die Berner Konvention seit 1982 in Kraft.

Abkommen zur Erhaltung der europäischen Fledermauspopulationen (UNEP/EUROBATS)

Das UNEP/EUROBATS-Abkommen bezweckt den Schutz aller 52 in Europa vorkommenden Fledermausarten und die diesbezügliche Förderung der internationalen Zusammenarbeit. Es handelt sich dabei um ein Regionalabkommen des Übereinkommens zur Erhaltung wandernder wildlebender Tierarten (Bonner Konvention) und deckt teilweise ähnliche Punkte ab wie die Berner Konvention. Es wird aber beispielsweise ein deutlich stärkerer Fokus auf Bildung und Öffentlichkeitsarbeit sowie die Überwachung der Fledermauspopulationen gelegt. Die Schweiz ist dem Abkommen 2013 beigetreten.

Organisation des Fledermausschutzes in der Schweiz

Fledermäuse sind bundesrechtlich geschützt. Der Vollzug des Fledermausschutzes ist jedoch Sache der Kantone.

Kantonale Fledermausschutz-Beauftragte

Die meisten Kantone setzen *Kantonale Fledermausschutz-Beauftragte* (KFB) ein, die für die Umsetzung der bundesrechtlichen Schutzvorgaben in ihrem Kanton zuständig sind. In einigen Kantonen wird der Fledermausschutz von den Behörden selbst umgesetzt. Die KFB arbeiten meist Teilzeit im Mandat der jeweiligen kantonalen Naturschutzfachstelle und sind die primären Ansprechpartnerinnen und -partner, wenn es um den Schutz und die Förderung von Fledermäusen im Kanton geht. Sie beraten Behörden, beantworten Fragen der Öffentlichkeit und helfen bei der Lösung von Konflikten zwischen Liegenschaftsbesitzerinnen und -besitzern und Fledermäusen. Sie sind verantwortlich für die Aufnahmen von Fledermaus-Nachweisen in eine Datenbank und für die Arbeiten für die nationalen Schutz- und Monitoringprogramme in ihren Kantonen. Sie entwickeln auf der Basis schweizweiter Konzepte regionale und lokale Aktionspläne und Förderprogramme für Nationale Prioritäre Fledermausarten und setzen diese um. Oft unterhalten sie zudem ein Netzwerk von ehrenamtlichen *Lokalen Fledermausschützenden* und *Quartierbetreuenden*.

Wie weit die Aufgaben der KFB in einem Kanton gehen, wird vertraglich zwischen Kanton und KFB geregelt und ist oft eine Frage der zur Verfügung stehenden finanziellen Ressourcen. Der Bund beteiligt sich an der Finanzierung der KFB im Rahmen des Finanzausgleiches NFA und unter Berücksichtigung der nationalen Vorgaben.

Lokale Fledermausschützende

Fledermausschutz findet vor Ort in den Gemeinden statt. Die KFB und die Koordinationsstellen (siehe unten) bilden deshalb *Lokale Fledermausschützende* (LFS) aus, welche in den Gemeinden bestimmte Aufgaben des Fledermausschutzes übernehmen. LFS sind wichtige Anlaufstellen bei Fragen aus der Bevölkerung und der Entschärfung von Konflikten. Während sie einfachere Probleme selbst lösen, leiten sie komplexere Angelegenheiten an die KFB weiter. Oft übernehmen sie auch Aufgaben der Sympathiewerbung, wie Exkursionen oder Standaktionen. Mehrere Hundert Personen setzen sich in der Schweiz als LFS für den Schutz von Fledermäusen ein.

Mit Standaktionen werben *Lokale Fledermausschützende* um Sympathie für Fledermäuse.

Quartierbetreuende

Für den Fledermausschutz besonders wichtige Quartiere, sogenannte *Quartiere von Nationaler Bedeutung*, werden oft von ausgebildeten, ehrenamtlich Mitarbeitenden überwacht. Diese *Quartierbetreuenden* überwachen den Bestand in ausgewählten Wochenstuben und beteiligen sich dadurch an den nationalen Schutz- und Monitoringprogrammen, beispielsweise für Hufeisennasen oder Mausohren. Sie sind nicht nur erste Ansprechpartnerinnen bzw. -partner für die Liegenschaftsbesitzerinnen und -besitzer, sondern kümmern sich bei Bedarf auch um die Entfernung der Hinterlassenschaften der Fledermäuse und betreiben Öffentlichkeitsarbeit für «ihre» Kolonie.

Zu den Aufgaben von *Quartierbetreuenden* gehören neben Information, Beratung und Monitoring auch die jährliche Reinigung der Dachböden von Fledermauskot.

Schweizerische Koordinationsstelle für Fledermausschutz

Für die Koordination der schweizweiten Schutzaktivitäten hat der Bund eine *Schweizerische Koordinationsstelle für Fledermausschutz* eingesetzt, die sich wiederum in zwei Koordinationsstellen aufteilt: Die *Koordinationsstelle Ost für Fledermausschutz* (KOF) hat ihren Sitz bei der *Stiftung Fledermausschutz* am Zoo Zürich, während die *Koordinationsstelle West für Fledermausschutz* (CCO) ihren Sitz am *Naturhistorischen Museum Genf* hat. KOF und CCO agieren wie ein Dachverband als Schnittstelle zwischen Bund und Kantonen. Sie beraten Behörden, entwickeln nationale Schutz- und Förderkonzepte sowie Strategien zur Konfliktlösung, beispielsweise im Zusammenhang mit Windenergie oder Infrastrukturbauten. Weiter beraten und unterstützen sie die KFB, bilden Fachleute und Laien aus, führen die Daten nationaler Monitoringprogramme in einer Faunadatenbank zusammen und agieren als Anlaufstelle für Medien und die Bevölkerung bei Fragen zu Fledermäusen und deren Schutz. Der KOF bei der Stiftung Fledermausschutz in Zürich sind 19 Kantone angeschlossen, der CCO 7 Kantone der Westschweiz.

Stiftung Fledermausschutz und Naturhistorisches Museum Genf

Die *Stiftung zum Schutze unserer Fledermäuse in der Schweiz* – meist kurz *Stiftung Fledermausschutz* genannt – und das *Naturhistorische Museum Genf* betreiben die Koordinationsstellen Ost und West für Fledermausschutz. Die *Stiftung Fledermausschutz* ist eine gemeinnützige, im Kanton Zürich registrierte Stiftung, die sich für die Sympathiewerbung für Fledermäuse in der Öffentlichkeit einsetzt mit dem Ziel, die einheimischen Fledermäuse und ihre Lebensräume nachhaltig zu schützen und zu fördern. Zu den Kernanliegen der Stiftung gehören Bildung, Artenschutz, Beratung, angewandte Forschung und Öffentlichkeitsarbeit. Im Bereich Bildung bietet die Stiftung ein breites Kursangebot für Fachleute und Laien an. In den Handlungsfeldern Artenschutz und Beratung erarbeitet sie unter anderem Richtlinien und Expertisen zu Arten- und Tierschutzanliegen, oder sie lanciert Artenförderprojekte. Die Stiftung betreibt ein Fledermausschutz-Nottelefon, am Zoo Zürich eine Fledermaus-Notpflegestation und unterstützt weitere Notpflegestationen in den Regionen. Sie finanziert sich über Spenden und Projektgelder.

Das *Naturhistorische Museum Genf* nimmt in einem ähnlichen Rahmen Aufgaben des Artenschutzes wahr wie die Stiftung Fledermausschutz. Von schweizweiter Bedeutung sind die *Schweizerische Fledermaus-Beringungszentrale*, die Sammlungsaktivitäten des Museums und die weltweit führende Forschung in den Bereichen Systematik und genetische Bestimmung von Fledermäusen. Das *Naturhistorische Museum Genf* wird in erster Linie von der Stadt Genf und über Projekte finanziert.

Umweltbüros und NGOs

Umweltbüros führen beispielsweise Umweltverträglichkeitsprüfungen (UVP) durch oder können mit der Umsetzung konkreter Schutzmaßnahmen beauftragt werden. NGOs (Nichtregierungsorganisationen) im Natur- und Artenschutzsektor engagieren sich meist allgemein für den Schutz der Biodiversität. Im Unterschied zu den gesetzlich beauftragten Institutionen und Personen für Fledermausschutz sind sie oft auch politisch aktiv.

Bildung und Öffentlichkeitsarbeit

«Nur wer Fledermäuse kennt, kann Fledermäuse schützen», lautet das Motto der *Stiftung Fledermausschutz*. Seit 35 Jahren sind Bildung und Öffentlichkeitsarbeit zwei der Hauptanliegen des Fledermausschutzes. Das Angebot wurde seither laufend ausgebaut. Über Medienbeiträge, Websites, soziale Medien, Faltblätter, Exkursionen, Standaktionen oder Infrarotübertragungen klärt der Fledermausschutz die Bevölkerung über Fledermäuse auf und gewinnt sie für deren Schutz. Am Zoo Zürich gibt es eine interaktive Dauerausstellung, die «Fledermaus-Welt». Für Schulklassen werden Ausleihmaterial, Themenkoffer, Unterrichtshilfen und Workshops angeboten. Angehende Biologinnen und Biologen werden im Rahmen von Hochschulkursen zu Systematik, Artenkenntnis und Lebensraumnutzung geschult. Für interessierte Personen und ehrenamtlich Mitarbeitende gibt es eine modulare Ausbildung. Für Fachleute und Berufsgruppen werden fachspezifische Workshops und Ausbildungen offeriert.

Workshops mit Schulklassen bieten eine gute Gelegenheit, um Kinder für den Fledermausschutz zu sensibilisieren.

InfoSpecies

Der Verein *InfoSpecies* ist die Dachorganisation der nationalen Daten- und Informationszentren und der Koordinationsstellen für Artenförderung. Als eine von neun Institutionen ist auch die *Schweizerische Koordinationsstelle für Fledermausschutz* über ihre jeweiligen Geschäftsleiter dem Verein angeschlossen. *InfoSpecies* fördert die Zusammenarbeit der verschiedenen Institutionen. Der Verein unterstützt Bund, Kantone und weitere Akteure bei der Umsetzung der im Aktionsplan zur Strategie Biodiversität Schweiz formulierten Maßnahmen zur Artenförderung sowie beim Zugang zu und bei der Interpretation von Artnachweisen auf verschiedenen Ebenen.

Deutschland und Österreich

In unseren deutschsprachigen Nachbarländern ist der Fledermausschutz weitgehend über die einzelnen Bundesländer organisiert. Innerhalb der Bundesländer sind die Strukturen teilweise ähnlich aufgebaut wie in der Schweiz, können aber auch abweichen. So gibt es in mehreren Bundesländern ebenfalls Koordinationsstellen und ausführende Organe. In Österreich agiert zudem eine übergeordnete *Koordinationsstelle für Fledermausschutz und -forschung in Österreich* (KFFÖ). In Deutschland spielt der *Naturschutzbund Deutschland* (NABU) eine wichtige Rolle beim Schutz von Fledermäusen.

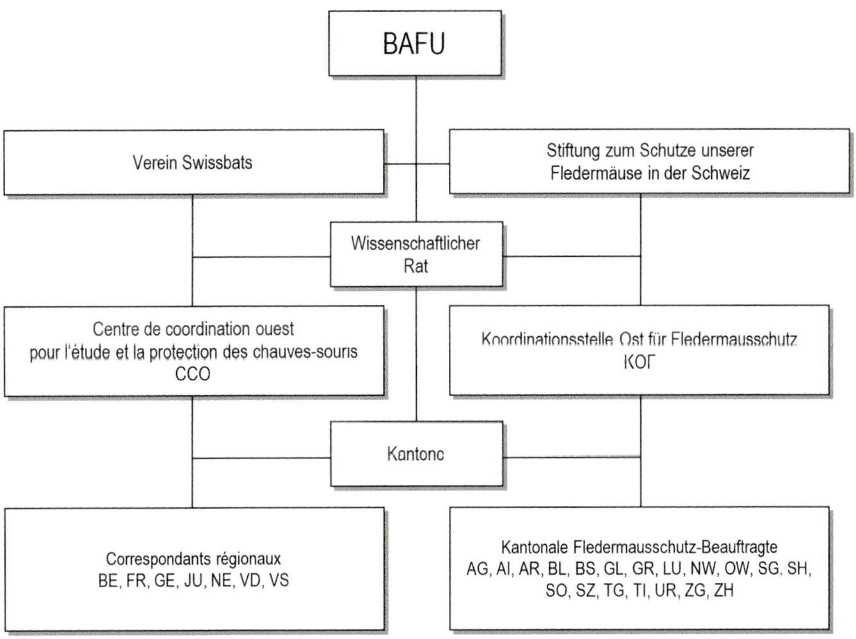

Organisation des Fledermausschutzes in der Schweiz. Diese offiziellen Organe werden ergänzt durch über 1000 *Quartierbetreuende* und *Lokale Fledermausschützende*, welche sich ehrenamtlich für den Fledermausschutz engagieren, sowie verschiedene Umweltbüros.

Rote Liste, National Prioritäre Arten und Quartiere von Nationaler Bedeutung

Der breiten Bevölkerung ist heute bekannt, was eine Rote Liste ist: Sie gibt Auskunft über die Gefährdung von Arten. Diese Gefährdung wird nach international standardisierten, wissenschaftlichen Kriterien festgelegt. Zuständig für die Festlegung dieser Kriterien ist die *International Union for Conservation of Nature* (IUCN). Der Gefährdungsstatus ist oft ein Hauptgrund dafür, eine Art unter gesetzlichen Schutz zu stellen. So auch bei den Fledermäusen, bei welchen die meisten Arten in der zweiten Hälfte des letzten Jahrhunderts massive Bestandseinbrüche erlitten haben und deshalb national wie auch europaweit geschützt sind. Rote Listen sollen alle 10 bis 15 Jahre für eine Artgruppe neu erstellt werden. Die aktuelle Rote Liste Fledermäuse datiert auf dem Kenntnisstand von 2011.

Weil die finanziellen Mittel für den Artenschutz beschränkt sind, hat der Bund vorgegeben, Prioritäten zu setzen. So sollen insbesondere die Organismen mit höchstem und klar definiertem Handlungsbedarf von Artenförderprogrammen profitieren. Das *Bundesamt für Umwelt* (BAFU) hat in Zusammenarbeit mit den Nationalen Datenzentren und Koordinationsstellen, darunter auch die *Schweizerische Koordinationsstelle für Fledermausschutz, National Prioritäre Arten* bezeichnet. Dies sind Arten, die in der Schweiz gefährdet sind und für deren Erhaltung die Schweiz eine besondere Verantwortung trägt.

Die Liste der *National Prioritären Arten* enthält derzeit über 3500 Arten und dient als Vollzugshilfe in der Arten- und Lebensraumförderung. Die Berechnungen werden periodisch neu durchgeführt und bei Bedarf methodisch angepasst.

Beim Schutz von Fledermausquartieren müssen ebenfalls Prioritäten gesetzt werden. Es wäre schlicht nicht praktikabel, Quartiere, welche nur ab und zu von einzelnen Tieren genutzt werden, um jeden Preis zu schützen. Die Prioritäten liegen bei jenen Quartieren, die für den Erhalt eines Bestandes wichtig sind. Das sind insbesondere die Wochenstuben der gefährdeten und *National Prioritären Arten*, große bestandsrelevante Wochenstuben anderer Arten und wichtige, von mehreren Arten genutzte Winterschlafquartiere. Der Fledermausschutz hat definiert, welche Quartiere unter welchen Voraussetzungen *von Nationaler Bedeutung* sind. Weitere Kategorien sind *Quartiere von Regionaler Bedeutung* und *Quartiere von Lokaler Bedeutung*. Ähnlich wie die Liste der *National Prioritären Arten* dient die Definition somit als Vollzugshilfe.

Tierschutz

Während sich der Artenschutz um den Fortbestand einer Art bemüht und dabei nicht zwingend Rücksicht auf das einzelne Tier nimmt, beschäftigt sich der Tierschutz mit dem Wohlergehen des einzelnen Tieres.

Arten- und Tierschutz sind also grundsätzlich zwei verschiedene Themen, welche sich aber beim Fledermausschutz ergänzen und teilweise sogar entsprechen. So sind manche Fledermausarten zumindest regional derart selten, dass auch dem einzelnen Individuum eine Bedeutung für den Fortbestand der Art zukommen kann. Tierschutz kann zudem ein öffentlichkeitswirksames Instrument des Artenschutzes sein.

Der Tierschutz wird in der Schweiz über das Tierschutzgesetz (TSchG) und die dazugehörige Verordnung (TSchV) geregelt. Darin ist unter anderem festgeschrieben:

- dass die Würde der Tiere nicht missachtet werden darf, beispielsweise durch ungerechtfertigtes Zufügen von Schmerzen, Leiden oder Schäden, Erniedrigung, tiefgreifendes Eingreifen in seine Fähigkeiten oder übermäßige Instrumentalisierung;
- dass das Wohlergehen eines Tieres sichergestellt sein muss durch artgemäße Haltung und Ernährung, Ermöglichung artgemäßen Verhaltens, Gesundheit sowie die Vermeidung von Schmerzen, Leiden und Schäden.

Insbesondere der zweite Abschnitt bezieht sich zwar auf die Haltung von Tieren in menschlicher Obhut. Die Vermeidung von Schmerzen, Leiden und Schäden zur Wahrung der Würde des Tieres ist aber auch auf Wildtiere anwendbar. All diese Aussagen lassen jedoch Spielraum für die Interpretation. Die Interpretationshoheit obliegt dabei den zuständigen kantonalen und nationalen Veterinärbehörden.

Aus ethischer Sicht erscheint es angemessen, dass wir uns um verletzte oder offensichtlich kranke Tiere kümmern. Dies trifft umso mehr zu, wenn die Notlage des Tieres durch menschliches Handeln hervorgerufen wurde. Bei den meisten Fledermäusen, die im Siedlungsraum aufgefunden werden, ist genau dies der Fall. So werden viele Fledermäuse von Hauskatzen verletzt oder verirren sich in Gebäude und finden nicht mehr hinaus. Oder sie werden durch Bauarbeiten, Lärm oder andere Störungen zum Verlassen ihrer Quartiere gezwungen. Letzteres kann insbesondere im Winter einen großen Energieverlust bedeuten, im Sommer erhöht es das Risiko des Gefressenwerdens.

Was tun beim Auffinden einer verletzten oder geschwächten Fledermaus?

Fledermäuse beziehen manchmal Quartiere an außergewöhnlichen Orten, wie außen an Hauswänden oder in Durchgängen. Die Anwesenheit einer Fledermaus an solchen Orten sagt entsprechend nichts über ihren Gesundheitszustand aus. Hängt eine Fledermaus jedoch über mehrere Tage am selben Ort und verlässt diesen auch nachts nicht, könnte sie in Not sein und der Hilfe bedürfen. Dies gilt generell auch für Tiere, die in der prallen Sonne, an exponierten Stellen oder in Bodennähe hängen oder gar am Boden liegen, wo sie beispielsweise von einer Katze erbeutet werden könnten. In solchen Fällen hat sich folgendes Vorgehen bewährt:

- Man bereitet eine der Größe der Fledermaus angepasste, ausbruchsichere Kartonschachtel vor. In diese sticht man ein paar Luftlöcher, welche zwar groß genug sind, um den Luftaustauch sicherzustellen, jedoch klein genug, damit die Fledermaus nicht entweichen kann. In diese legt man ein paar Papiertücher, welche der Fledermaus als Versteck dienen können. Vervollständigt wird die Einrichtung durch einen Flaschendeckel mit etwas Wasser zum Trinken.

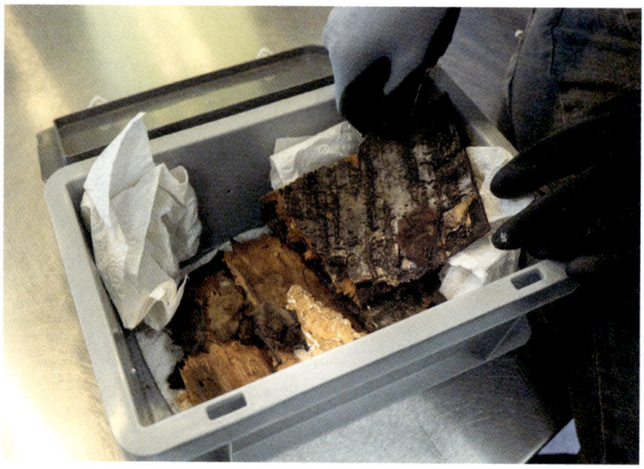

Notschachtel für Fledermaus-Findlinge

- Dann ergreift man die Fledermaus vorsichtig unter Zuhilfenahme eines Handschuhs, Tuches oder ähnlichen Handschutzes und legt sie in die Schachtel. Es kommt zwar selten vor, aber Fledermäuse können, wie alle Wildtiere, Krankheiten übertragen, weshalb man sie nie mit bloßen Händen anfassen sollte. Fühlen sie sich bedroht, können sie auch zubeißen.
- Man kontaktiert die nächstgelegene Fledermaus-Notpflegestation, um das weitere Vorgehen zu besprechen. In der Schweiz ist hierfür das Fledermausschutz-Nottelefon 079 330 60 60 der Stiftung Fledermausschutz die zentrale Anlaufstelle. In Deutschland übernimmt diese Aufgabe das NABU-Fledermaus-Telefon (Rufnummer 030-284984-5000), in Österreich die Ansprechpersonen der KFFÖ in den jeweiligen Bundesländern, deren Kontaktdaten über die Website der KFFÖ abgerufen werden können.

Das Fledermausschutz-Nottelefon ist 365 Tage im Jahr in Betrieb.

Fledermausschutz-Nottelefon und Fledermaus-Notpflegestation

Frau Müller findet am Boden eine offensichtlich geschwächte Fledermaus. Herrn Meiers Katze hat ihm eine lebende Fledermaus mit einem Loch in der Flughaut gebracht. Ins Kinderschlafzimmer hat sich eine Fledermaus verirrt. Was tun in solchen Fällen? Das Schweizer *Fledermausschutz-Nottelefon* (Rufnummer 079 330 60 60) berät an 365 Tagen im Jahr Finderinnen und Finder von Fledermäusen in Not. Es wird von meist ehrenamtlich Mitarbeitenden betreut. Mehr als 3000 Hilferufe werden pro Jahr entgegengenommen – Tendenz steigend. Die Mehrzahl der Anfragen kann direkt am Telefon bearbeitet werden. Meist geht es zunächst um die vorübergehende artgerechte Unterbringung und die nachfolgende Rückentlassung in die Natur. In rund einem Drittel der Fälle muss eine Fledermaus aber in eine *Fledermaus-Notpflegestation* gebracht werden, wie diejenige am Zoo Zürich, welche die *Stiftung Fledermausschutz* mit Unterstützung des *Zoo Zürich* und des *Zürcher Tierschutzes* betreibt. Dort werden pro Jahr rund 300 Fledermäuse untersucht, gesund gepflegt oder, wenn die Verletzungen zu groß sind, von ihrem Leiden erlöst. Die *Fledermaus-Notpflegestation* am *Zoo Zürich* wird von einer Tierärztin und einer Tierpflegerin geleitet. Der Großteil der Pflegearbeiten wird von ausgebildeten ehrenamtlich Mitarbeitenden übernommen. Darüber hinaus hat die *Stiftung Fledermausschutz* ein Netzwerk von rund 60 dezentralen Notpflegestationen in weiten Teilen der Schweiz aufgebaut mit dem Ziel, die Transportwege für aufgefundene Fledermäuse so kurz wie möglich zu halten. Von der Hilfe des gesamten Netzwerks profitieren pro Jahr über 1000 Fledermäuse in Not. Vielen weiteren kann über Beratungen von Findern am Telefon geholfen werden.

Dank des riesigen Einsatzes der Mitarbeitenden der *Fledermaus-Notpflegestationen* können zwischen 50 und 70 Prozent der eingelieferten Fledermäuse wieder zurück in die Natur entlassen werden. Für die restlichen Fledermäuse, meist handelt es sich dabei um Katzenopfer, kommt leider jede Hilfe zu spät: Sie müssen euthanasiert werden oder verenden bereits während des Transports.

Wer selbst Fledermäuse in Not pflegen möchte, braucht dazu eine Ausbildung, die von der *Stiftung Fledermausschutz* angeboten wird. Mit dem erworbenen Sachkundenachweis kann beim zuständigen kantonalen Veterinäramt die erforderliche Pflegebewilligung beantragt werden.

Auf der *Fledermaus-Notpflegestation* der *Stiftung Fledermausschutz* am *Zoo Zürich* werden verletzte oder geschwächte Fledermäuse wieder aufgepäppelt.

Ahndung von Verstößen gegen das Tierschutzgesetz

In der täglichen Arbeit im Fledermausschutz kommt man leider ab und zu mit Personen in Kontakt, welche Fledermäusen gegenüber ablehnend eingestellt sind. Nicht selten äußern solche Personen auch Absichten, Fledermäuse zu vergiften, auszuräuchern oder Quartiere anderweitig zu zerstören. Wie viele solcher Aktionen heimlich stattfinden und wie viele Fledermäuse unabsichtlich, zum Beispiel bei Bauarbeiten, getötet werden, lässt sich nur schwer einschätzen. Diese Personen machen sich damit jedoch eines Offizialdeliktes schuldig, welchem die Behörden bereits auf Verdacht hin nachgehen müssen, also auch, wenn niemand zuvor das Vergehen zur Anzeige gebracht hat. Auch im Sinne des Tierwohls müsste jeder Verdacht umgehend den zuständigen Behörden gemeldet werden. Vergehen gegen das Tierschutzgesetz sind keine Bagatelldelikte: Bei schweren Fällen sind Haftstrafen von bis zu drei Jahren vorgesehen.

Zoonosen

Als Zoonosen bezeichnet man Krankheiten, die von Tieren auf Menschen, aber auch von Menschen auf Tiere übertragen werden können. Zoonosen können durch direkten Kontakt, über Zwischenwirte oder über kontaminierte Lebensmittel, Oberflächen oder gar Aerosole übertragen werden.

Wie alle Lebewesen können auch Fledermäuse Träger von Krankheitserregern sein. Man unterscheidet grundsätzlich Viren, Bakterien, Einzeller, Parasiten und Pilze. Bestimmte Erreger sind auf Menschen übertragbar, bestimmte nicht; bei der großen Mehrheit jedoch weiß man dies gegenwärtig nicht. Infolge der Covid-19-Pandemie wird insbesondere an der Erforschung des Fledermaus-Viroms – der Gesamtheit aller Viren bei Fledermäusen – gearbeitet, denn Viren haben vermutlich das größte Potenzial, auf den Menschen überzuspringen. Auch wenn der Ursprung der Pandemie nach wie vor unklar ist und vielleicht nie geklärt werden kann, gilt eine chinesische Fledermausart als mögliche Erregerquelle.
Fledertiere tragen wie alle Wildtiere eine Vielzahl verschiedener Viren, von denen einige erwiesenermaßen über Zwischenwirte auf den Menschen übertragen werden können. Außerhalb Europas sind die Krankheiten Ebola- und Marburgfieber, Nipah, Hendra, MERS und SARS (CoV-1) bekannt. Innerhalb Europas kam es bereits zur Übertragung der Fledermaus-Tollwut auf Menschen. Sie gilt als bisher einzige direkt von Fledermäusen auf den Menschen übertragbare Krankheit.

Tollwut: Die Schweiz gilt aktuell offiziell als tollwutfrei. Der Begriff bezieht sich allerdings auf die terrestrische Tollwut, die meist von Hundeartigen auf Menschen übertragen werden kann. Fledermaustollwut wird jedoch durch andere Tollwutviren ausgelöst; sie kann ebenfalls auf den Menschen übertragen werden. Tollwut bei einheimischen Fledermäusen ist selten. Seit 1976 wurden bei knapp 1000 untersuchten Verdachtsfällen vier Tiere mit Tollwut nachgewiesen. Im Jahr 2009 wurde im Rahmen einer Forschungsarbeit mit 200 Wasserfledermäusen bei einer einzigen Fledermaus das Virus nachgewiesen, drei weitere hatten Antikörper. Im Rahmen eines Multiscreenings bei mehreren Tausend Fledermäusen konnte 2021 keine Tollwut-Erbsubstanz festgestellt werden. Da Menschen normalerweise keinen direkten Kontakt zu Fledermäusen haben und Tollwut selbst bei Fledermäusen selten zu sein scheint, ist von einer sehr geringen Ansteckungswahrscheinlichkeit auszugehen. Wird jedoch tatsächlich jemand mit Tollwut angesteckt, bedeutet dies ohne Gegenmaßnahmen den sicheren Tod.

Personen, die regelmäßig Kontakt mit Fledermäusen haben, lassen sich deshalb gegen Tollwut impfen und kontrollieren regelmäßig die Antikörperkonzentration in ihrem Blut. Wird jemand von einer Fledermaus gebissen, soll er unverzüglich den Hausarzt oder die Tollwutzentrale kontaktieren – man kann sich auch nach einem Biss noch gegen Tollwut impfen lassen.

Sars-CoV-2: Als ein möglicher Ursprung der Covid-Pandemie wird ein bei einer chinesischen Fledermausart gefundenes Coronavirus gehandelt. Das Genom dieses Virus ist zu 96 Prozent identisch mit Sars-CoV-2 und gilt deshalb als dessen nächster Verwandter. Zum Vergleich: Beim Erbgut von Mensch und Schimpanse stimmen rund 98 Prozent überein.

Jedoch ist dieses Fledermausvirus mit der Bezeichnung CoV-RaTG13 nicht auf den Menschen übertragbar, was viele Fragen zu etwaigen Übertragungswegen aufwirft. Fest steht jedenfalls, dass Sars-CoV-2 von Mensch zu Mensch und nicht von Fledermaus zu Mensch übertragen wird. Im Rahmen einer Studie der Uni Zürich an mehreren Tausend einheimischen Fledermäusen konnte wie erwartet kein Sars-CoV-2 festgestellt werden. Unsere Fledermäuse tragen das Virus nicht. Ängste, sich bei einheimischen Fledermäusen mit Covid-19 anzustecken, sind deshalb unbegründet.

Umgekehrt ist es jedoch gelungen, Fledertiere mit Sars-CoV-2 zu infizieren. Wir Menschen können also das Virus zumindest unter künstlichen Bedingungen auf Fledermäuse übertragen. Die Folgen sind unbekannt. Auf jeden Fall gilt es eine Übertragung auf Fledermäuse zu verhindern.

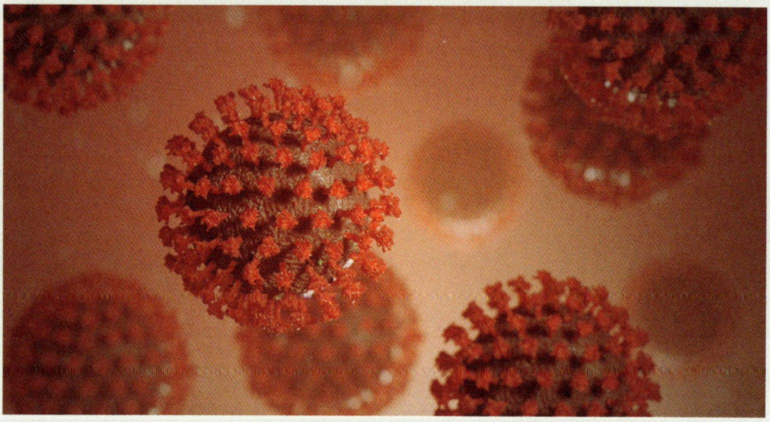

Den kranzartigen Strukturen an ihrer Oberfläche (*corona*: lateinisch für Kranz, Krone) verdanken Coronaviren ihren Namen. Sie sind unter Säugetieren weit verbreitet.

Um die Wahrscheinlichkeit einer gegenseitigen Ansteckung mit Krankheiten zu minimieren, sollen direkte, grundlose Kontakte mit Wildtieren unterlassen werden. Hilfsbedürftige Fledermäuse sollen nie mit bloßen Händen angefasst werden.

Für Personen, die regelmäßig mit Fledermäusen arbeiten, wurden weitergehende Schutzkonzepte entwickelt, die laufend neuen Erkenntnissen angepasst werden. Dazu gehört beispielsweise, sich die Hände zu waschen und zu desinfizieren, Handschuhe und Maske zu tragen, keine Kontakte zu Fledermäusen zu haben, wenn man selbst krank ist oder Krankheitsfälle im näheren Umfeld hat und so weiter.

Von Fledermäusen am Haus geht in der Regel keine Ansteckungsgefahr aus, solange man die Tiere nicht in die Hände nimmt.

Erfassungsmethoden

Nur was man kennt, kann man schützen und fördern. Aus diesem Grund ist es von grundlegender Bedeutung, Informationen über die Verbreitung und Häufigkeit unserer Fledermausarten zu sammeln und ihre Lebensraumansprüche zu kennen. Aufgrund ihrer nächtlichen Aktivität und der für unsere Ohren meist nicht hörbaren Ortungsrufe sind Fledermäuse aber nur mit vergleichsweise großem Aufwand erfassbar. Hinzu kommt, dass die Bestimmung bei sehr ähnlichen Arten selbst für Fachleute anspruchsvoll ist.

Darüber hinaus führt je nach Fragestellung eine andere Erfassungsmethode zum Ziel, denn jede Methode hat Vor- und Nachteile, und nicht mit jeder Methode lassen sich alle Fledermausarten erfassen. Oft werden verschiedene Methoden miteinander kombiniert, um die gestellten Fragen zu beantworten. Im Folgenden werden die gebräuchlichsten Methoden und ihre Eignungen kurz vorgestellt.

Findlinge

Fledermäuse in Not, welche von der Bevölkerung gefunden werden und an Notpflegestellen gebracht werden müssen, können wertvolle Informationen über die Verbreitung von Arten im Siedlungsraum liefern. In den Notpflegestellen werden die Fledermäuse bestimmt und die Nachweise in einer Datenbank gesammelt. So wissen wir dank solchen Findlingen, dass die Zwergfledermaus in der ganzen Schweiz verbreitet und häufig ist, sie aber nach und nach in den Stadtzentren durch die Weißrandfledermaus ersetzt wird, die sich vermutlich im Zuge der Klimaerwärmung nördlich der Alpen ausbreitet. Oder aber, dass die Bechsteinfledermaus kaum im Siedlungsraum vorkommt, da nur äußerst selten Findlinge aufgegriffen werden.

Die Erkenntnisse aus diesen Funden sind allerdings immer mit Vorsicht zu interpretieren, denn es handelt sich um zufällige Funde – meist außerhalb von Quartieren – und nicht um wissenschaftlich-systematische Erhebungen. Nur über größere Zeiträume hinweg und in Kombination mit anderen Methoden können sie korrekt interpretiert werden.

Funde verletzter oder geschwächter Fledermäuse können wertvolle Erkenntnisse über die Verbreitung einer Art liefern.

Abfänge

Weil Fledermäuse geschützt sind, bedarf es zu ihrem Fang einer Ausnahmegenehmigung der zuständigen Naturschutzbehörde. Bei rein wissenschaftlichen Fragestellungen wird zudem eine Tierversuchsbewilligung des Veterinäramtes benötigt. Abfänge an Quartieren dienen meist dazu, die Art oder Arten, welche das Quartier nutzen, zu bestimmen. Zum Einsatz kommen hierbei Harfenfallen, Trichterfallen oder große Kescher. Für die Erfassung von Fledermäusen in einem Jagdlebensraum werden meist feinmaschige Stellnetze verwendet. Der Fangerfolg mit Stellnetzen ist meist gering und die Aktion mit großem Aufwand verbunden.

Neben der Bestimmung der Art werden die eingefangenen Tiere vermessen sowie das Geschlecht und der Reproduktionszustand (beispielsweise, ob trächtig oder säugend) bestimmt. Je nach Ziel des Abfangs können aber auch Tiere markiert (siehe unten) oder Gewebeproben entnommen werden.

Bei dieser Vorrichtung wird der obere Teil vor die Ausflugöffnung gehalten. Die Fledermäuse fliegen hinein, rutschen den Schlauch hinunter und können unten vorsichtig entnommen werden.

Eine Harfenfalle ermöglicht Abfänge an kleineren, klar begrenzten Durchflügen wie diesem Höhleneingang.

Mit Stellnetzen können auch über Gewässern jagende Fledermäuse gefangen werden. Das Netz wird erst mit Einsetzen der Dunkelheit geöffnet, um möglichst keine anderen fliegenden Tiere wie Vögel oder Insekten zu fangen.

Gefangene Fledermäuse werden zuerst bestimmt, vermessen, allenfalls markiert und dann wieder freigelassen.

Hangplatz- und Ausflugzählung

Für die Überwachung bekannter Quartiere stellt die Hangplatz- oder Ausflugzählung das wichtigste Werkzeug dar. Während bei Ersterer die ruhenden Fledermäuse im Inneren von Quartieren, beispielsweise auf Dachböden, fotografiert und nachfolgend auf dem Bild ausgezählt werden, erfasst man mit Letzterer die Tiere, wenn sie abends aus ihrem Quartier ausfliegen. Die Ausflugzählung eignet sich deshalb auch für nicht einsehbare Quartiere. Nachteil dieser Methoden ist, dass sie keinen Rückschluss auf den Reproduktionszustand einzelner Individuen zulassen. Eine exakte Artbestimmung ist dabei häufig nicht möglich.

Regelmäßige Hangplatz- und Ausflugzählungen werden vor allem bei Wochenstuben gefährdeter Arten angewendet, welche immer dieselben Quartiere nutzen. Beispiele sind die Schutz- und Monitoringprogramme der Mausohren und Hufeisennasen, bei welchen größtenteils Ehrenamtliche mehrmals pro Jahr die Koloniegrößen erfassen. Dank diesen Zählungen wissen wir über die Bestandsentwicklung dieser Arten in der Schweiz gut Bescheid. Zählungen ohne ein Einfangen der Tiere sind nicht bewilligungspflichtig, jedoch dürfen die Tiere dabei nicht gestört werden.

Fledermausschutz kann auch gemütlich sein. Hier zählt ein Quartierbetreuer die aus einer Kirche ausfliegenden Großen Mausohren.

Hangplatzzählungen können recht anspruchsvoll sein. Aus diesem Grund macht man meist Fotos, auf denen die Tiere dann ausgezählt werden können. Wie viele Tiere sind auf diesem Bild zu sehen?

Präsenz-Absenz-Erfassung

Wo Hangplatz- und Ausflugzählungen nicht möglich sind, wird zumindest die An- oder Abwesenheit von Fledermäusen in einem bekannten Quartier erfasst. Meist erfolgt dies durch Spuren: Auf einem Dachboden werden dazu Planen ausgelegt oder der Boden unter einem Spaltquartier gereinigt, sodass heruntergefallene Kotpillen gut sichtbar bleiben. Bei größeren Kotmengen kann aufgrund der Menge vage auf die Koloniegröße geschlossen werden. Nach jeder Erfassung müssen Kotreste entfernt werden, damit bei einer späteren Kontrolle auch wirklich nur neue Spuren erfasst werden. Präsenz- und Absenzerfassungen werden vor allem bei Langohren, die sich häufig im Gebälk von Dachböden verkriechen, oder bei Spaltquartieren durchgeführt.

Manche Fledermausarten führen ein derart heimliches Leben, dass sie sich sogar in ihren Quartieren nur über Spuren wie Kotkrümel nachweisen lassen.

Besenderung

Mittels kleiner Telemetrie-Sender oder GPS-Datenlogger, welche meist mit einem Medizinalkleber auf das Rückenfell geklebt werden, lassen sich exakte Raumnutzungsmuster der besenderten Tiere erstellen. So ermöglichen sie Aussagen darüber, wie lange sich eine Fledermaus in welchem Gebiet aufhält, wie schnell und wie hoch sie fliegt oder wo sie ihr Quartier hat. Insbesondere bei der Erfassung bisher unbekannter Jagdgebiete werden Sender erfolgreich angewandt, aber auch um mehr über das Zugverhalten migrierender Arten wie Abendsegler herauszufinden.

Die Sender fallen nach einer bestimmten Zeit von selbst wieder ab. Weil diese Erfassungsmethode kosten- und arbeitsintensiv ist, werden meist nur Einzeltiere untersucht, was das Erkennen genereller, arttypischer Muster erschwert. Die Besenderung von Fledermäusen ist nur mit einer Bewilligung erlaubt, diese wird von denselben Behörden ausgestellt wie diejenige für Abfänge.

Mittels Telemetriesender lassen sich detaillierte Informationen zum Raumnutzungsverhalten einzelner Fledermäuse gewinnen, wie hier bei einer Wasserfledermaus.

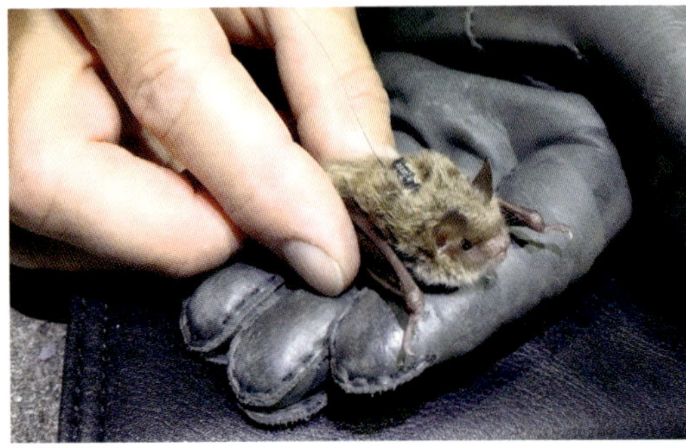

Bioakustik

Bioakustische Methoden haben dank großer technologischer Fortschritte in den letzten Jahren zunehmend an Bedeutung gewonnen. In der Regel werden die Orientierungsrufe von Fledermäusen mit High-Tech-Detektoren aufgezeichnet und später am Computer die Arten bestimmt. Die Ortungsrufe vieler Fledermausarten sind bis zu einem gewissen Grad artspezifisch. Jede Art passt ihre Rufe aber auch der jeweiligen Umgebung an, um die größtmögliche Rauminformation aus den Echos herauszuholen. Für die Bestimmung ist es deshalb oft notwendig, dass die strukturelle Beschaffenheit der Umgebung, in welcher Fledermausrufe aufgezeichnet werden, ebenfalls erfasst wird. Etwa ein Drittel der

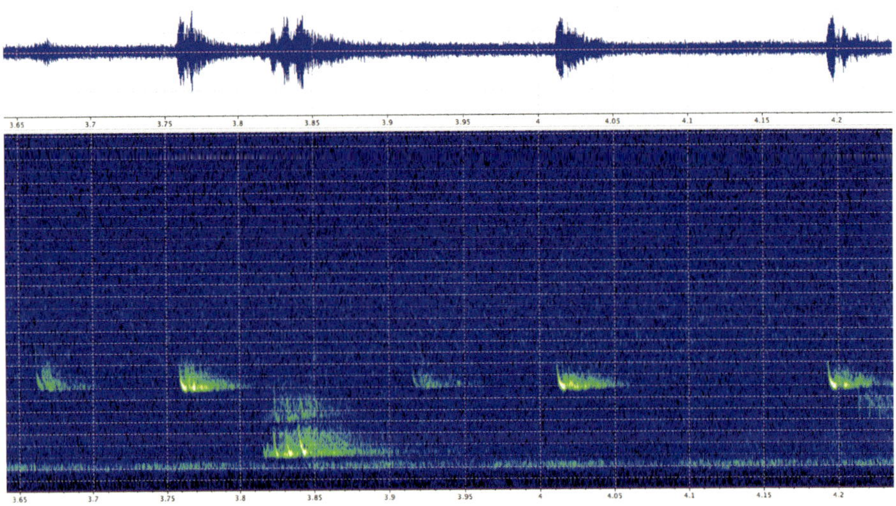

Grafische Abbildung der Rufsequenz einer Zwergfledermaus. Dargestellt sind oben der Verlauf der Lautstärke (in dB, Y-Achse) gegen die Zeit (in s, X-Achse), unten der Verlauf der Frequenz (in kHz, Y-Achse) gegen die Zeit (in s, X-Achse). Neben mehreren Ortungsrufen, die bei rund 45 kHz am lautesten sind, findet sich bei Sekunde 3.85 auch ein deutlich tieferer Sozialruf. Beide Ruftypen können der Artbestimmung dienlich sein. Die unscharfen Elemente jeweils direkt nach den Rufen sind auf Echos zurückzuführen; solche können – wenn sie zu laut sind – eine sichere Bestimmung verunmöglichen.

einheimischen Fledermausarten lassen sich mit bioakustischen Methoden kaum oder gar nicht auf Artniveau bestimmen. Bei manchen Arten können auch Sozialrufe, die nicht der Orientierung, sondern der Kommunikation dienen, weiteren Aufschluss liefern. Mittels Detektoren können innerhalb kurzer Zeit massenhaft Daten über meist mehrere Arten gleichzeitig gesammelt werden. Die Analysearbeit am Computer erfordert aber viel Fachkenntnis und Zeit, auch wenn es mittlerweile vielversprechende Ansätze zur automatisierten Artbestimmung mittels künstlicher Intelligenz gibt.

Mit bioakustischen Methoden kann nach bestimmten Fledermausarten gesucht oder die Artenvielfalt an einem Standort erfasst werden, beispielsweise in einem Jagdlebensraum. Bioakustische Methoden haben in der Regel eine gute Kosten-Nutzen-Bilanz, und für ihre Anwendung ist keine Bewilligung erforderlich, da sie kein Einfangen von Tieren erfordert.

Mit solchen Ultraschalldetektoren lassen sich Fledermäuse auch an schwer zugänglichen Orten bioakustisch erfassen, wie beispielsweise im Gebirge.

Detektoren

Um sich im Raum zu orientieren, rufen Fledermäuse für uns Menschen meist unhörbar hoch. Mit Detektoren kann man diese Ultraschallrufe von Fledermäusen hörbar und sichtbar machen. Sie sind ausgezeichnete Hilfsmittel auf Exkursionen oder in der Forschung. Mehr als die Hälfte der einheimischen Arten kann man mit ausreichendem Fachwissen über ihre Orientierungsrufe nämlich auch bestimmen.

Von solchen Detektoren werden heute vor allem drei Typen angewendet, die sich in ihrer Funktionsweise unterscheiden.

Schmalband- oder Heterodyn-Detektoren: Auf diesen Geräten wird eine bestimmte Tonhöhe beziehungsweise Frequenz in Kilohertz (kHz) eingestellt und so ein schmales Frequenzfenster um diesen Bereich herum für uns hörbar gemacht. Meist sucht man dazu jeweils die energiereichste, also lauteste Frequenz im Ruf. Andere Modelle suchen diese Frequenz automatisch. Schmalband-Detektoren machen also nicht den ganzen Ruf hörbar, sondern nur einen Teil davon. Trotzdem liefern die Geräte gut wiedererkennbare Laute, sodass mit der nötigen Ausbildung rund ein Dutzend Arten bestimmt werden kann. Schmalband-Detektoren sind klein, günstig und geben Fledermausrufe in Echtzeit wieder. Um Fledermäuse auf Exkursionen hörbar zu machen, sind sie ideal.

Zeitdehnungs-Detektoren: Vom Detektor aufgezeichnete Fledermausrufe werden meist acht- oder zehnfach verlangsamt wieder ausgegeben und dadurch für uns Menschen hörbar. Es wird also der ganze Ruf hörbar gemacht. Nach entsprechender Schulung des Gehörs kann man so viele Arten bestimmen. Oft können die Rufe auch auf dem Computer abgespeichert und dort visuell dargestellt werden. Dadurch können sie später bei Bedarf überprüft oder erneut bestimmt werden, was für die Nachvollziehbarkeit insbesondere in der Wissenschaft wichtig ist.

Auf dem Markt gibt es viele Geräte zum Hörbarmachen und Aufzeichnen von Fledermausrufen.

Echtzeit-Vollspektrum-Aufnahmegeräte: Diese Geräte zeichnen mit hoher Auflösung Fledermausrufe in Echtzeit auf. Die aufgezeichneten Rufe werden später am Computer analysiert, wobei spezielle Software bei der Artzuordnung der Rufe hilft. Echtzeit-Vollspektrum-Aufnahmegeräte finden vor allem in der Wissenschaft und im professionellen Fledermausschutz Anwendung. Sie sind relativ teuer in der Anschaffung, können aber in kurzer Zeit große Datenmengen sammeln.

Inzwischen gibt es Detektoren, welche die verschiedenen Typen in einem einzigen Gerät vereinen. So gibt es beispielsweise Detektoren, die gleichzeitig Rufe wie ein Schmalband-Detektor hörbar und auf einem Display als Echtzeitaufnahme sichtbar machen.

Artbestimmung mittels DNA-Analysen

Neben der klassischen morphologischen und der bioakustischen Artbestimmung können die meisten einheimischen Fledermausarten auch aufgrund von DNA-Proben bestimmt werden. DNA kann aus Kotkrümeln, Haar- oder Flughautproben, ja sogar aus Abstrichen von Hangplätzen gewonnen werden. Die Erbinformation wird entschlüsselt und aufgrund von Vergleichen mit Referenz-DNA der jeweiligen Art zugeordnet. Meist werden DNA-Abschnitte aus Mitochondrien – Zellorganellen mit eigener DNA, die nur von der Mutter weitervererbt werden – für die Analysen benutzt. Sofern die DNA nicht bereits degeneriert ist, gilt die Methode als recht zuverlässig. Bei Zwillingsarten, die hybridisieren können oder dies früher einmal getan haben, ist mitochondriale DNA hingegen ungeeignet. In solchen Fällen muss nukleäre DNA verwendet werden, was das Prozedere ungleich aufwendiger macht. In der Schweiz betrifft dies die Artenpaare Großes und Kleines Mausohr, Nord- und Breitflügelfledermaus sowie Fransenfledermaus und Kryptische Fledermaus.

Für die Gewinnung von Kotkrümeln müssen keine Tiere gefangen werden. Meist limitieren die Laborkosten einen breiteren Einsatz der Methode, auch wenn diese in den letzten Jahren kontinuierlich gesunken sind.

Fotofallen und Lichtschranken

Vor Höhlenquartieren oder in der Ausflugöffnung von Dachböden können Fotofallen installiert werden. Beim Durchflug durch eine Lichtschranke wird eine Kamera ausgelöst. Während bei sehr ähnlichen Arten die Bestimmung über solche Fotos schwierig sein kann, funktioniert sie für den Großteil der einheimischen Arten gut. Voraussetzung hierfür ist aber eine hochwertige Kamera mit schneller Reaktionszeit und manueller Feineinstellung. Die meisten im Handel erhältlichen Fotofallen und Wildtierkameras sind für diesen Zweck ungeeignet.

Oft wird die Methode auch mit einer automatisierten Zählung kombiniert. Durchfliegen die Fledermäuse zwei unmittelbar hintereinander platzierte Lichtschranken, lassen sich sogar einfliegende von ausfliegenden Tieren trennen. Dies kann vor allem dann hilfreich sein, wenn die Kamera nur bei Durchflügen in eine Richtung ausgelöst wird.

Fotofallen eignen sich perfekt für längerfristige Einsätze über mehrere Monate hinweg, sofern die Stromversorgung sichergestellt werden kann. So wissen wir dank dieser Technik, dass zahlreiche Höhlen im Jura nicht nur als Winter- und Paarungs-, sondern auch rege als Sommerquartiere genutzt werden.

Mittels Fotofallen, die beim Durchfliegen einer Lichtschranke ausgelöst werden, lassen sich auch seltene Arten nachweisen, wie hier eine Wimperfledermaus im Solothurner Jura.

Die Krümelprobe

Fledermausquartiere an Gebäuden werden oft nur entdeckt, weil der etwa reiskorngroße Kot aus den Quartieren fällt und auf Fensterbrettern, Balkonen oder Terrassen liegen bleibt. Spaltquartiere an Gebäuden werden jedoch nicht nur von Fledermäusen, sondern auch von Nagetieren oder Vögeln bewohnt. Und während Fledermäuse ihr Quartier meist belassen, wie es ist, können sich andere Untermieter durchaus auch an der Isolation zu schaffen machen. Für den Umgang mit Problemfällen an Gebäuden ist es deshalb wichtig, erst einmal den Verursacher zu bestimmen.

Der Kot von Mäusen, kleineren Fledermausarten, Kleinvögeln und Eidechsen hat eine ähnliche Größe. Ansonsten lässt er sich aber gut unterscheiden. Weil Vögel und Eidechsen Kot und Harn gemeinsam und Letzteren in Form von weißer Harnsäure absetzen, haben Vogel- und Eidechsenkot meist weiße Bestandteile. Bei Säugetierkot fehlen diese weißen Bestandteile immer.

Mäusekot ist im trockenen Zustand hart und unverformbar. Fledermauskot hingegen, der mehrheitlich aus den unverdaulichen Panzerresten der Beuteinsekten besteht, lässt sich zwischen Daumen und Zeigefinger praktisch ohne Kraftaufwand zerreiben (Krümelprobe).

Größe, Form, genauer Fundort sowie die Jahreszeit deuten meist bereits auf bestimmte Fledermausartgruppen hin, selten jedoch auf die Fledermausart. Genauere Informationen über die Artzugehörigkeit liefert meist eine DNA-Analyse des Kotes – oder es werden Haarreste, die oft arttypisch sind, unter dem Mikroskop analysiert. Haare werden bei der Fellpflege geschluckt werden und erscheinen infolgedessen im Kot.

Da die Kenntnis über Fledermausquartiere ein wichtiger Bestandteil der Schutz- und Fördermaßnahmen ist, sollten auf diese Weise neu entdeckte Fledermausquartiere unbedingt den zuständigen Fledermausschutz-Beauftragten gemeldet werden.

Vogelkot

Eidechsenkot

Zerriebener Fledermauskot

Markierung

Die Markierung von Wildtieren hat eine sehr lange Tradition und dient meist der Wiedererkennung von Individuen. Sie führte bei Fledermäusen zu wichtigen Erkenntnissen über die Raumnutzung. So konnte dank Markierungen und Wiederfunden herausgefunden werden, dass ziehende Fledermausarten zwischen Sommer- und Winterquartieren mehr als 1000 Kilometer zurücklegen können.

Je nach Fragestellung können Fledermäuse auf unterschiedlichste Arten markiert werden. Armspangen – etwas unpräzise oft auch «Ringe» genannt – und Transponder dienen der lebenslangen Markierung einer Fledermaus. Armspangen sind aus Aluminium oder Kunststoff und werden über den Unterarm gestülpt, ohne Gewebe einzuklemmen. Armspangen sind günstig und werden bei Vorlegen der entsprechenden Bewilligungen von speziellen Beringungszentralen herausgegeben. Ihr Einsatz ist heute jedoch vielerorts umstritten, da durch unkundige Handhabung leicht Verletzungen am Flugapparat der Fledermäuse entstehen können, die Entzündungen, starke Schmerzen und im schlimmsten Fall den Tod des markierten Tieres zur Folge haben können.

Armspangen können dabei helfen, neue Erkenntnisse zu großräumigen Bewegungsmustern von Fledermäusen zu gewinnen, beispielsweise bei ziehenden Rauhautfledermäusen.

Transponder, auch PIT-Tags genannt, sind Mikrochips, die mit einer Injektionsnadel unter der Haut platziert werden, so wie man es auch bei Haustieren macht. Zur Identifikation braucht es ein Lesegerät. Transponder wurden beispielsweise schon eingesetzt, um zu erforschen, wie häufig Bechsteinfledermäuse ihre Quartiere wechseln. Dazu wurden in den Einflugöffnungen von Fledermauskästen Lesegeräte eingebracht, welche die markierten Tiere erfassten.

Sowohl der Einsatz von Armspangen als auch von Transpondern ist bewilligungspflichtig und verlangt eine spezielle Ausbildung. Die Markierung hält meist ein Fledermausleben lang.

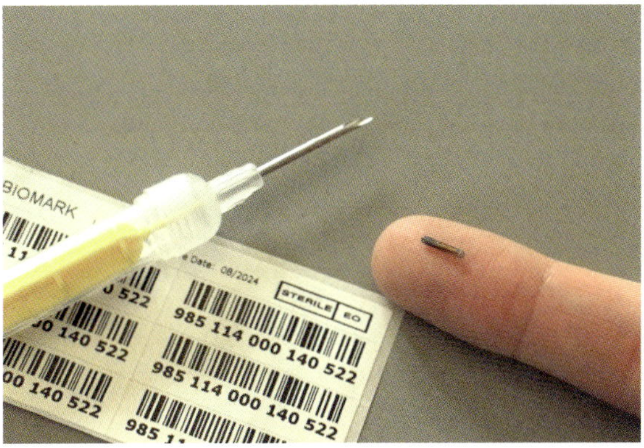

Diese winzigen Transponder können unter die Rückenhaut von Fledermäusen implantiert werden und ermöglichen so eine meist lebenslange individuelle Erkennung.

Zur kurzfristigen Markierung eignen sich zum Beispiel Opalith-Plättchen aus dem Imkereibedarf, Nagellack (Krallen), Reflektorfolien, Knicklichter, Fellschnitt oder fluoreszierendes Pulver. Mit derlei Methoden können beispielsweise Fragen zum Verhalten bestimmter Individuen in einem Dachboden oder einer Höhle beantwortet werden, oder sie können für die Schätzung von Populationsgrößen verwendet werden.

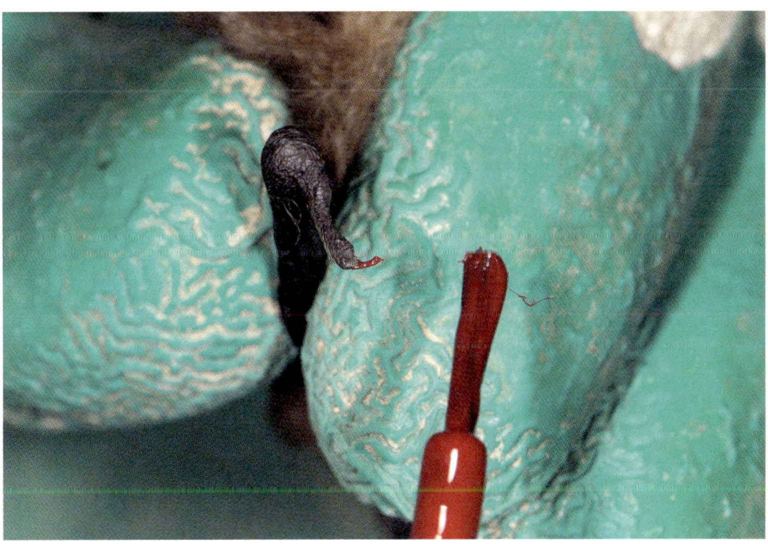

Zur kurzzeitigen Wiedererkennung wird dieser Wimperfledermaus eine Daumenkralle mit Nagellack eingefärbt.

Datenbanken

Für den Artenschutz ist eine möglichst genaue Kenntnis über die Verbreitung und Häufigkeit einer Art von entscheidender Bedeutung. Nur so können Bestandsabnahmen oder Arealverluste erkannt, nach den Ursachen gesucht und Gegenmaßnahmen eingeleitet werden. Unverzichtbares Werkzeug für diese Arbeit sind Datenbanken, in welchen Beobachtungen nach einem vorgegebenen Raster erfasst und zentral gespeichert werden. Werden solche Datenbanken online angelegt, können viele Personen Daten eintragen oder abrufen, was den Informationsfluss stark verbessert.

Aus diesen Gründen hat die *Koordinationsstelle Ost für Fledermausschutz* (siehe Kapitel «Organisation des Fledermausschutzes») eine Faunadatenbank für Fledermausnachweise entwickelt. In dieser werden alle Nachweise von Fledermäusen aus 19 Kantonen der östlichen Schweiz gespeichert. Es können verschiedenste Informationen erfasst werden – neben obligatorischen, wie Art, Datum oder Koordinaten, gibt es auch Platz für Notizen, Fotos und andere Dokumente.

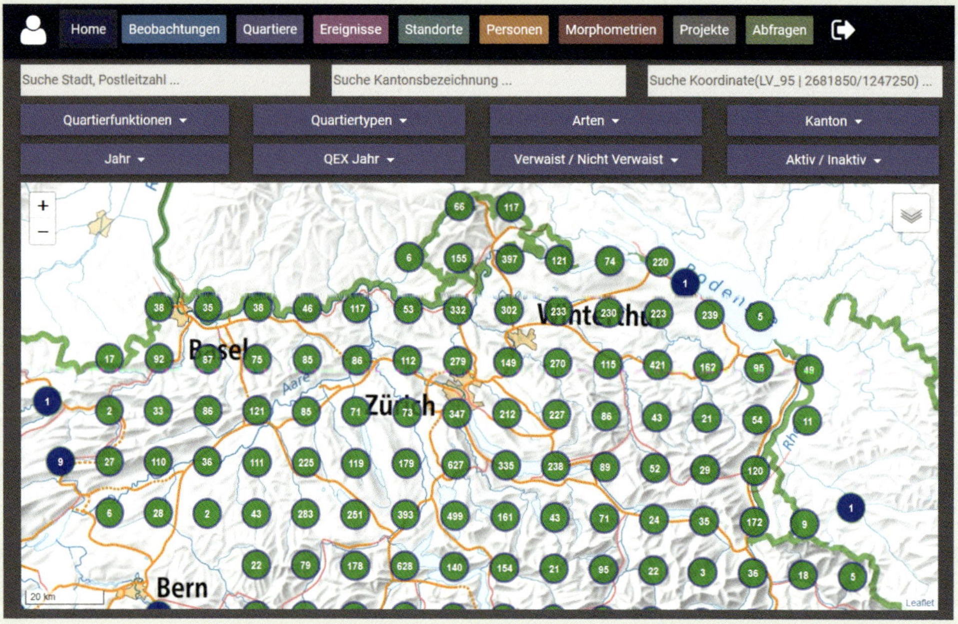

In dieser Datenbank werden alle Fledermaus-Nachweise der östlichen Landeshälfte der Schweiz gespeichert.

Wer Zugriff auf die Datenbank hat, kann dank Such- und Filterfunktionen beispielsweise herausfinden, wie viele Zwergfledermauswochenstuben bekannt sind, in welchen Kantonen die Wimperfledermaus nachgewiesen wurde oder welcher Anteil der Bartfledermausnachweise eines Jahres aus Höhlen stammt. Behörden können zudem überprüfen, ob ein Bauvorhaben ein Fledermausquartier tangiert und deshalb der Fledermausschutz hinzugezogen werden muss, um das Bauvorhaben zu begleiten.

Ein Teil der in der Fledermaus-Datenbank gesammelten Informationen wird regelmäßig an das *Schweizerische Zentrum für die Kartografie der Fauna* SZKF übermittelt und fließt so gemeinsam mit Nachweisen von anderen Artengruppen wie Vögeln, Amphibien, Insekten oder Pflanzen in nationale und europäische Datenbanken ein. Von diesen können dann mit nur einer Abfrage Informationen über verschiedenste Artengruppen zusammengetragen werden.

In Datenbanken sind meist nur Positivnachweise erfasst. Somit kann am Ende nicht unterschieden werden, ob eine Art an einem Ort trotz Suche nicht gefunden oder aber gar nicht gesucht wurde. Oft wird zudem der Fehler gemacht, das Fehlen von Nachweisen mit der Abwesenheit der Art gleichzusetzen. Diesbezüglich kann das Hinzuziehen einer Fledermausschutz-Fachperson für die Interpretation von Datensätzen hilfreich sein.

Im Zuge der rasanten Digitalisierung sind Datenbanken heute unentbehrlich und bilden ein wichtiges Fundament des Artenschutzes.

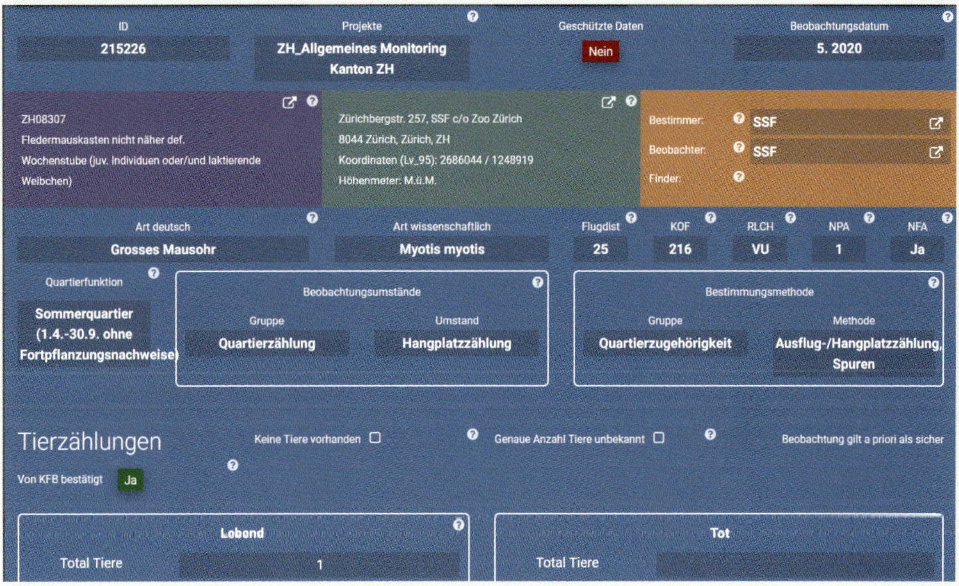

Zu einzelnen Nachweisen kann eine Fülle von Informationen hinzugefügt werden.

Lebensraumnutzung

Lebensraumverbund

Fledermäuse nutzen im Tages- und Jahresverlauf ganz unterschiedliche Lebensräume. Tagsüber sind sie meist verborgen beispielsweise in engen Fassadenspalten von Gebäuden, in Fels- oder Baumhöhlen. In der Nacht jedoch jagen Fledermäuse in oder über Wäldern, entlang von Gewässern, im Siedlungsraum, in Obstgärten oder am Waldrand. Im Sommer nutzen sie andere Lebensräume als im Winter. So können Sommer- und Winterlebensräume bei einigen Arten über 1000 Kilometer voneinander entfernt liegen.

Diese komplexe Lebensraumnutzung macht den Fledermausschutz zu einer anspruchsvollen Aufgabe. Anders als beispielsweise bei manchen Pflanzen oder Insekten reicht es nicht, ein Stück Wiese unter Schutz zu stellen, um das Vorkommen eines bedrohten Bestandes sicherzustellen. Bei Fledermäusen müssen sämtliche genutzten Lebensräume einbezogen werden. Nicht nur müssen die verschiedenen Lebensräume bekannt sein, sondern es müssen spezifisch diejenigen eruiert, geschützt und gefördert werden, welche für das Vorkommen einer Art und ihre Bestandsgrößen entscheidend sind. Bei ziehenden Arten können diese Lebensräume sogar in unterschiedlichen Ländern liegen.

Stark vereinfacht definiert der Fledermausschutz drei Kategorien von Lebensräumen, welche Fledermäuse nutzen:

Lebensraumansprüche der Fledermäuse am Beispiel des Großen Mausohrs: Höhle als Winterquartier, Dachboden als Sommerquartier, Wald als Jagdlebensraum, Hecken und andere lineare Strukturen als Flugkorridore zwischen den Vorgenannten.

Quartiere: Lebensräume, in denen eine Fledermaus Schutz vor Feinden und Umwelteinflüssen wie Hitze, Kälte oder Trockenheit findet, den Tag oder den Winter überdauert, ihre Jungen aufzieht oder Geschlechtspartner für die Fortpflanzung findet.

Jagdlebensräume: In Abhängigkeit ihrer artspezifischen Flügelmorphologie und Jagdstrategie jagen Fledermäuse in unterschiedlichen Lebensraumtypen nach Beutetieren.

Flugkorridore: Lebensräume, die Quartiere mit Jagdlebensräumen, Quartiere untereinander oder Jagdlebensräume untereinander strukturell vernetzen.

Im Folgenden werden diese drei Lebensraumkategorien genauer beschrieben.

Quartiere

Fledermäuse suchen sich ihre Quartiere sorgfältig aus. Sie müssen Sicherheit vor Fressfeinden bieten und die wechselnden mikroklimatischen Ansprüche des jeweiligen Tieres erfüllen. Nur sehr selten sind Fledermäuse deshalb während des ganzen Jahres im selben Quartier anzutreffen. Oft nutzen auch die beiden Geschlechter unterschiedliche Quartiere.

Auffallend viele Fledermausarten nutzen Quartiere an Gebäuden. Aus Sicht der Fledermäuse handelt es sich wohl um Ersatzquartiere für Baumhöhlen, Felsspalten oder Höhlengewölbe. So haben beispielsweise Mausohren und Hufeisennasen ihre Wochenstuben in Südeuropa in Felshöhlen. Nördlich der Alpen sind diese jedoch meist zu kalt, um darin Junge aufzuziehen, weshalb sie hier als Ersatz Dachböden nutzen. Dachböden in Gebäuden dürften es diesen Arten sogar erst ermöglicht haben, kühlere Breitengrade nördlich der Alpen zu besiedeln und ihr Verbreitungsareal auf diese Weise auszudehnen.

Fledermausquartiere werden üblicherweise nach zwei Basiskriterien eingeteilt:

- aufgrund ihrer Nutzung im Jahresverlauf und ihrer Funktion
- aufgrund der genutzten Strukturen

Quartiere nach Funktion und Jahresverlauf

Aufgrund der saisonalen Nutzung unterscheidet man zunächst zwei Grobkategorien:

Sommerquartiere: Fledermäuse nutzen im Sommerhalbjahr (Anfang April bis Ende September) sogenannte Sommerquartiere. Im Verlauf dieses Halbjahres wird eine große Vielfalt an unterschiedlichen Quartieren genutzt. Bestimmte Arten haben bei der Wahl der Sommerquartiere zwar gewisse Präferenzen, dies aber vor allem in Abhängigkeit vom reproduktiven Zustand, dem körperlichen Zustand und dem Geschlecht der Tiere. So nutzen Männchen und nicht trächtige Weibchen meist kühlere Quartiere als trächtige und säugende Weibchen. Sommerquartiere werden oft nur von Einzeltieren und über kürzere Zeiträume besiedelt, können aber unter Umständen auch Kolonien mit mehreren Hundert Tieren umfassen, insbesondere in den Wochenstuben.

Winterquartiere: Die kältere Jahreshälfte (Anfang Oktober bis Ende März) verbringen Fledermäuse in Winterquartieren. In diesen halten Fledermäuse manchmal auch ihren Winterschlaf. Oft handelt es sich aber um nur zwischenzeitlich genutzte Quartiere oder Quartiere mit unbekannter Funktion.

Sofern die Funktion des Quartiers bekannt ist, kann man die zeitliche Grobeinteilung feiner strukturieren. Man unterscheidet häufig folgende Quartierfunktionen:

Wochenstuben: Im Frühjahr bilden die Weibchen in warmen Quartieren Kolonien, wo Trächtigkeit, Geburt und Jungenaufzucht stattfinden. Je nach Fledermausart können aber auch einige männliche Tiere Bestandteil dieser Kolonien sein. Wochenstuben sind einerseits maßgebend für den Fortpflanzungserfolg und andererseits durch die Ansammlung vieler Tiere an einem einzigen Ort besonders gefährdet – und deshalb auch besonders geschützt: Das Natur- und Heimatschutzgesetz verbietet explizit die Beschädigung und die Zerstörung von «Brutstätten» von Fledermäusen. Wochenstuben umfassen von einer Handvoll bis zu über tausend Tieren, meist aber zwischen einem Dutzend und wenigen Hundert. Die Wochenstubenzeit erstreckt sich bei den meisten Fledermausarten von Mai bis August. Dann fliegen die flüggen Jungtiere aus, und die Kolonien lösen sich auf. Wochenstuben findet man in allen möglichen strukturellen Quartiertypen, in unseren Breiten aber nur sehr selten in Felshöhlen.

Balz- oder Paarungsquartiere: Die Männchen mancher Fledermausarten, wie der Große Abendsegler oder die Rauhautfledermaus, besetzen im Spätsommer und Herbst Balzquartiere. Diese sind somit ebenfalls eine Spezialform von Sommerquartieren. Mittels Gesängen oder Balzflügen versuchen die Männchen, möglichst viele Weibchen in ihr Quartier zu locken, um sich mit ihnen zu verpaaren. Paarungsquartiere befinden sich oft an exponierten Stellen – wahrscheinlich auch, damit sie von den Weibchen leichter gefunden werden.

Schwärmplätze: Schwärmplätze sind keine Quartiere. Trotzdem werden sie hier aufgeführt, da sie oft in engem Bezug zu Höhlen und anderen Quartieren stehen. Ab August bis in den Herbst kann man an vielen Orten Ansammlungen von Dutzenden fliegender Fledermäuse vor Höhleneingängen, Felswänden oder an hohen Gebäudefassaden beobachten. Die Funktionen dieser Schwärmplätze sind nicht restlos geklärt, jedoch finden an diesen Treffpunkten nachweislich auch Paarungen statt. Während an Schwärmplätzen wie Hausfassaden meist nur eine Art schwärmt, können vor Höhleneingängen im Juragebirge bis zu zehn verschiedene Fledermausarten gleichzeitig schwärmend beobachtet werden.

An Schwärmplätzen wie hier vor einem Höhleneingang im Jura treffen sich im Spätsommer und Herbst oft Fledermäuse unterschiedlichster Arten.

Winterschlafquartiere: Winterschlafquartiere dienen Fledermäusen zum Abhalten des Winterschlafs, sind also eine Spezialform von Winterquartieren. Damit Fledermäuse einen energiesparenden Winterschlaf halten können, müssen die Quartiere möglichst kühl sein, die Temperatur darf aber nicht wesentlich unter den Gefrierpunkt fallen. Winterschlafquartiere vieler Fledermausarten sind zudem meist feucht, da Fledermäuse ansonsten im Schlaf viel Wasser verlieren und infolgedessen aufwachen müssen, um den Wasserverlust zu ersetzen.

Für den Winterschlaf geeignete Quartiere sind unterirdische Höhlen und Stollen, Fels-, Gebäude-, Mauer- und Brückenspalten, Keller, Rollladenkästen oder Brennholzstapel. In selteneren Fällen bleiben Fledermäuse am Ort der Sommerquartiere, also beispielsweise auf Dachböden oder in Fassadenspalten, wenn diese mikroklimatisch für den Winterschlaf geeignet sind.

Übergangsquartiere: Als solche bezeichnet man Quartiere, die nur temporär in der Übergangszeit zwischen der Wochenstubenzeit und der Winterschlafzeit und umgekehrt genutzt werden. Sie können somit sowohl Winter- als auch Sommerquartiere sein.

Nachtquartiere: Die meisten Fledermausarten legen auf ihren nächtlichen Beuteflügen Jagdpausen ein, die sie in Nachtquartieren halten. Dies erfolgt naturgemäß vor allem im Sommerhalbjahr (Sommerquartier), in selteneren Fällen aber auch im Winterhalbjahr (Winterquartier).

Nachtquartiere können sich beispielsweise unter Vordächern oder dicken Ästen befinden und sind oft an Kot und abgebissenen Falterflügeln erkennbar.

Die verschiedenen Quartierfunktionen lassen sich nicht immer klar voneinander abgrenzen. So kann beispielsweise eine männliche Hufeisennase ihr Quartier das ganze Jahr in einer Felshöhle haben. Diese ist dann folglich Sommer- und Winterquartier und vor dem Höhleneingang allenfalls auch noch Schwärmplatz in einem. In einem Dachboden wiederum, der von weiblichen Braunen Langohren als Wochenstube genutzt wird, können auch einzelne Männchen der Art ihr Sommerquartier haben.

Aus fledermausschützerischer Sicht besonders relevant sind Quartiere, die als Wochenstube oder als Winterschlafquartier genutzt werden.

Quartiertypen nach Strukturen

In Bezug auf die strukturelle Beschaffenheit werden oft folgende Quartiertypen unterschieden:

- Gebäudequartiere
- Baumquartiere
- Felsquartiere
- Brückenquartiere
- Masten
- Holzstapel
- Fledermauskästen

Gebäudequartiere: Viele Fledermausarten nutzen Gebäude, um den Tag zu überdauern. Einerseits bilden solche Quartiere Ersatz für fehlende Baum- oder Felsquartiere, andererseits ermöglichten es Gebäudequartiere dank günstiger mikroklimatischer Bedingungen einigen Fledermausarten, in kühlere Breitengrade vorzudringen und ihr Verbreitungsareal auszudehnen. Zu diesen Kulturfolgern gehören zum Beispiel Hufeisennasen und Mausohren, die ihre Wochenstuben auf Dachböden haben.

Bei den Gebäudequartieren unterscheidet man einerseits Fassadenspalten und andererseits Hohlraumquartiere wie Dachböden und Kellergewölbe.

An Fassaden von Gebäuden finden sich zahlreiche Möglichkeiten für Fledermäuse, tagsüber in engen Spalten Unterschlupf zu finden. Beispiele sind Zwischendächer, Rollladenkästen, Kamine, Wandverschalungen, Metallabdeckungen, Mauerspalten, Fachwerkspalten, Fensterläden, Streichbalken oder spezielle Fledermaus-Flachkästen. In selteneren Fällen hängen Fledermäuse auch offen an Hauswänden oder in Durchgängen.

Fassadenspalten werden vor allem im Sommerhalbjahr von vielen Fledermausarten genutzt. Im Winter sind Fassadenspalten dann geeignet, wenn Wärmebrücken zum Gebäudeinnern vorhanden sind oder das Quartier gut besonnt ist, sodass die Temperatur kaum unter den Gefrierpunkt sinkt.

Zu den Hohlraumquartieren in Gebäuden zählen Dachböden, Kellergewölbe oder Ställe. Die Tiere hängen meist frei an der Decke. Bekannt sind vor allem die «Dachstockfledermäuse» wie Mausohren oder Hufeisennasen, die im Sommerhalbjahr in Kolonien

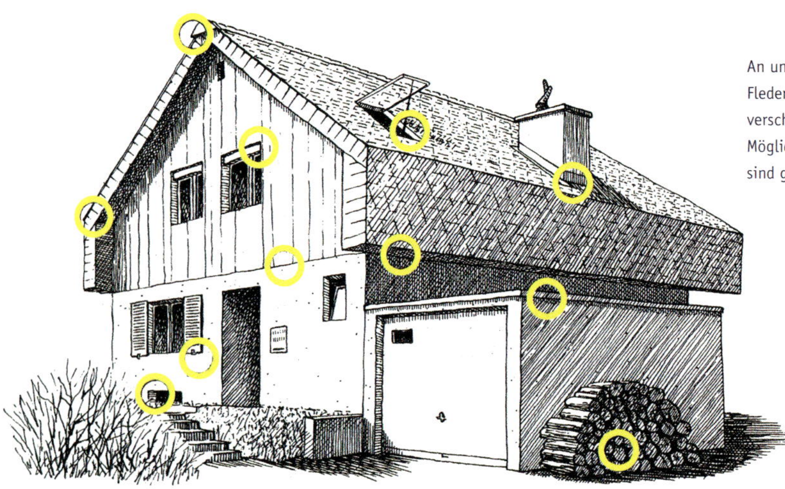

An und in Gebäuden finden Fledermäuse eine Vielzahl verschiedener Quartiere. Mögliche Rückzugsorte sind gelb eingekreist.

in Dachböden ihre Jungen austragen und großziehen. Solche Dachböden bilden Ersatzquartiere für warme Höhlen in südlichen Breiten. Keller sind unter Umständen auch für den Winterschlaf geeignet, während Dachböden hierfür meist zu kalt und trocken sind.

Baumquartiere: Bäume bieten eine große Vielfalt an verschiedenen Quartieren für Fledermäuse. Neben der klassischen Spechthöhle findet man verschiedene weitere Baumhöhlentypen wie Zwieselhöhlen, Stammfußhöhlen, Asthöhlen oder Spalten hinter abstehender Borke an toten Bäumen. In naturnahen Wäldern mit ausreichend Alt- und Totholz kommen sie in einer beachtlichen Vielfalt und Menge für verschiedenste Tierarten vor.

Mehrere Fledermausarten haben ihre Wochenstuben in Baumhöhlen. Einige Fledermausarten überwintern aber auch in Baumquartieren.

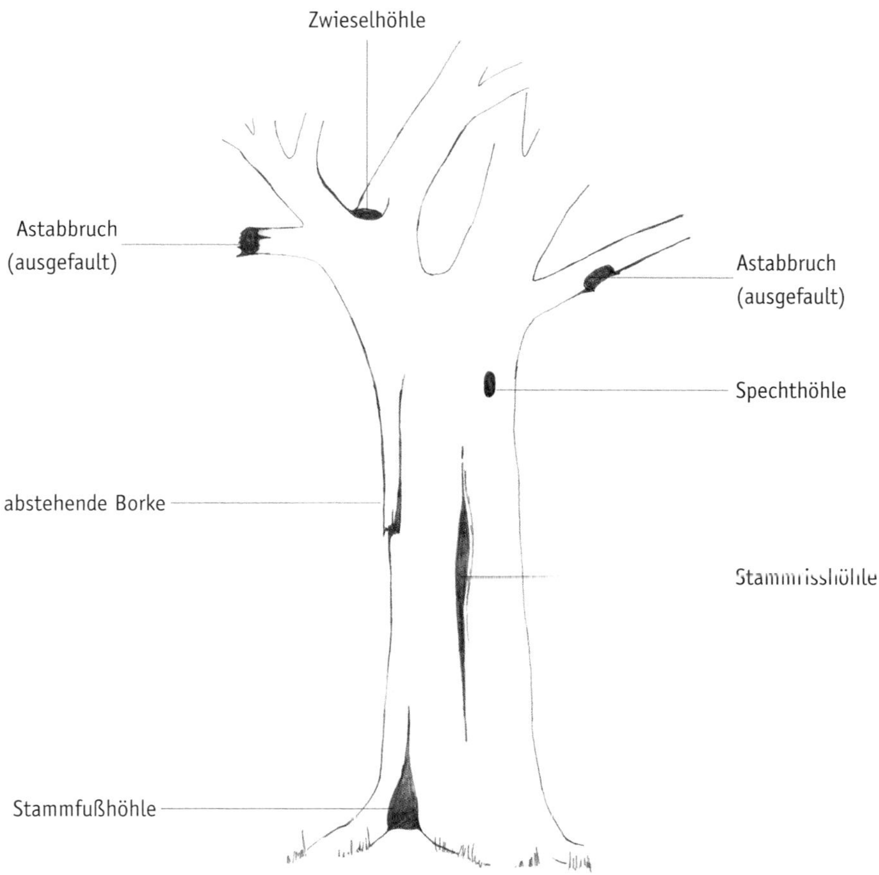

Am häufigsten von Fledermäusen bewohnte Baumhöhlentypen im Überblick.

Fledermausquartiere an Bäumen können vielgestaltig sein und sind oft nicht auf Anhieb als solche zu erkennen. Überdies finden sie sich nicht nur im Stammbereich, sondern auch in horizontalen Ästen.

Felsquartiere: Während man früher davon ausging, dass Felshöhlen ausschließlich als Winterschlafquartiere genutzt werden, hat man durch Langzeiterfassungen herausgefunden, dass Fledermäuse diese durchaus ganzjährig nutzen, wenn auch mit wechselnden Häufigkeiten. Während zur Winterschlafzeit die Individuenzahlen im Höhleninneren am höchsten sein dürften, werden die Höhlen im Hochsommer meist nur von nichtreproduktiven Einzeltieren bewohnt. Zur Schwärmzeit im Spätsommer können sich vor allem an den Höhleneingängen größere Ansammlungen an Arten und Individuen bilden.

Wochenstuben hingegen findet man in unseren Breiten, von wenigen Ausnahmen abgesehen, nicht in Felsquartieren. Anders als im Mittelmeerraum sind diese nördlich der Alpen für die Jungenaufzucht meist zu kalt. Der Klimawandel könnte dies zukünftig ändern.

Fledermäuse besiedeln nicht nur natürliche Felsquartiere, sondern auch menschengemachte, wie unterirdische Kanäle, Tunnel, Felsenkeller oder Stollen. Über die Nutzung von Fels- oder Mauerspalten ist vergleichsweise wenig bekannt, da Fledermäuse in solchen meist nur zufällig entdeckt werden. Enge Felsspalten eignen sich auch für den Winterschlaf, da es in einer Tiefe von bereits wenigen Dutzend Zentimetern kaum je gefriert.

Unterirdische Höhlen und Stollen sind beliebte Winterquartiere.

Zerklüftete Felsen bieten eine Vielfalt an Spalten unterschiedlicher Tiefe und Breite.

Brückenquartiere: An Brücken kann man Fledermäuse entweder in Dehnungsfugen oder in Brückenhohlkörpern finden. Brückenquartiere werden ähnlich genutzt wie Fassadenspalten und Felshöhlen. Im Unterschied zu Felshöhlen sind jedoch aus Brückenhohlkörpern recht häufig auch Wochenstuben bekannt. Für den Fledermausschutz ist die Förderung von Brückenquartieren vorteilhaft, da sich außer bei Sanierungen kaum Konfliktpotenzial mit der menschlichen Nutzung ergibt.

Brücken bieten ein großes Angebot an Spaltquartieren. Dieses hier wird von einer Wasserfledermaus-Kolonie bewohnt.

Holzstapel: Die Zwischenräume von Holzscheiten werden insbesondere von der Rauhautfledermaus als Winterschlafquartier genutzt, in selteneren Fällen auch von anderen spaltenbewohnenden Fledermausarten.

Insbesondere die Rauhautfledermaus sucht für den Winterschlaf oft Brennholzstapel auf – eine Vorliebe, die schon vielen Individuen das Leben gekostet haben dürfte.

Fledermauskästen: Fledermauskästen werden meist an Gebäudefassaden oder Bäumen befestigt. Man unterscheidet Flachkästen mit Spaltquartieren und Rundkästen mit größeren Hohlräumen. Erstere dienen als Ersatz für mangelnde Fassadenspalten, Letztere für Baumhöhlen. Sie werden infolgedessen auch wie diese genutzt. In selteneren Fällen werden Fledermauskästen auch in Dachböden montiert, um beispielsweise Langohren, die sich gerne im Gebälk verkriechen, zusätzliche Versteckmöglichkeiten anzubieten. Fledermauskästen werden im entsprechenden Einschub (S. 93) eingehender abgehandelt.

Fledermauskästen lassen sich gut an Gebäudefassaden befestigen.

Jagdlebensräume

Fledermäuse jagen dort, wo es ausreichend Beutetiere gibt. Es suchen aber nicht alle Fledermäuse am selben Ort nach Beute. Der Jagdlebensraum einer Art hängt vor allem von der artspezifischen Flügelmorphologie und somit der Manövrierfähigkeit und Fluggeschwindigkeit sowie den arttypischen Echoorientierungsrufen ab. Weitere Faktoren, welche die Wahl des Jagdlebensraumes indirekt beeinflussen, sind die Körpergröße und die Kiefermorphologie, welche die Größe infrage kommender Beutetiere bestimmen. Diese Gegebenheiten führen bei vielen Fledermausarten zu einer «Pseudo-Spezialisation» auf bestimmte Beutetiergruppen, die häufiger erbeutet werden als andere. Echte Nahrungsspezialisten sind unter den einheimischen Arten jedoch selten. Stark spezialisiert sind aber dennoch das Graue Langohr und das Alpenlangohr, welche zu über 80 Prozent Falter fressen. Gleiches gilt für die Mopsfledermaus, die sich darauf spezialisiert hat, mit speziellen Ortungsrufen Falter zu erbeuten, die Ultraschalllaute wahrnehmen und anderen Fledermausarten ausweichen können.

Nach ihren Jagdstrategien kann man Fledermäuse grob in drei Gruppen einteilen:

Arten, welche ihre Beute im freien Luftraum jagen: Sie besitzen lange, schmale Flügel und sind schnelle, effiziente Flieger, dafür aber nicht sehr wendig. Ihre Ortungsrufe sind mit bis zu 135 dB Schalldruck sehr laut und verhältnismäßig tief (12 bis 35 kHz) und haben deshalb eine große Reichweite von bis zu mehreren Dutzend Metern. Ihre bevorzugten Beutetiere treten oft in Massen, dafür aber räumlich und zeitlich konzentriert auf, wie beispielsweise schwärmende Eintags- oder Köcherfliegen. Typische Vertreter dieser Gruppe sind die Abendsegler, die Bulldogg- oder die Zweifarbfledermaus.

Arten, welche ihre Nahrung entlang von Strukturen erbeuten: Die Vertreter dieser Gruppe haben mittelbreite und mittellange Flügel. Ihre Flügel befähigen sie zu einem wendigen Flug in halboffenen Jagdlebensräumen, beispielsweise an Hecken, Waldrändern, bestockten Ufern oder im Siedlungsraum in Gärten und Innenhöfen. Die Ortungsrufe haben eine Bandbreite von meist rund 30 bis 70 kHz und eine mittlere Lautstärke. Zu dieser Gruppe gehören Fledermausarten, die sehr anpassungsfähig sind und in der von uns Menschen gestalteten Umwelt gut zurechtkommen. Typische Beispiele sind die Zwerg- und die Weißrandfledermaus oder die Bartfledermaus.

Arten, welche ihre Beute vom Untergrund absammeln: Diese Fledermausarten haben sehr breite Flügel und können dank der großen Tragflächen sehr langsam und äußerst wendig fliegen. Sie können sogar senkrecht nach oben fliegen oder an Ort und Stelle in der Luft verharren. Dadurch sind sie in der Lage, unter beengtesten Platzverhältnissen wie im Innern von Baumkronen nach Insekten zu jagen. Oft werden dabei Beutetiere vom Untergrund abgesammelt, die sich durch ihre Eigengeräusche verraten. Die Ortungsrufe solcher Fledermausarten haben eine große Bandbreite (30 bis teilweise über 120 kHz), sind leise und kurz und haben dadurch nur eine geringe Reichweite. Typische Vertreter sind das Große Mausohr, die Fransenfledermaus oder die Langohren. Diese Arten sind stark an Strukturen gebunden und reagieren meist sehr sensibel auf Lichtverschmutzung.

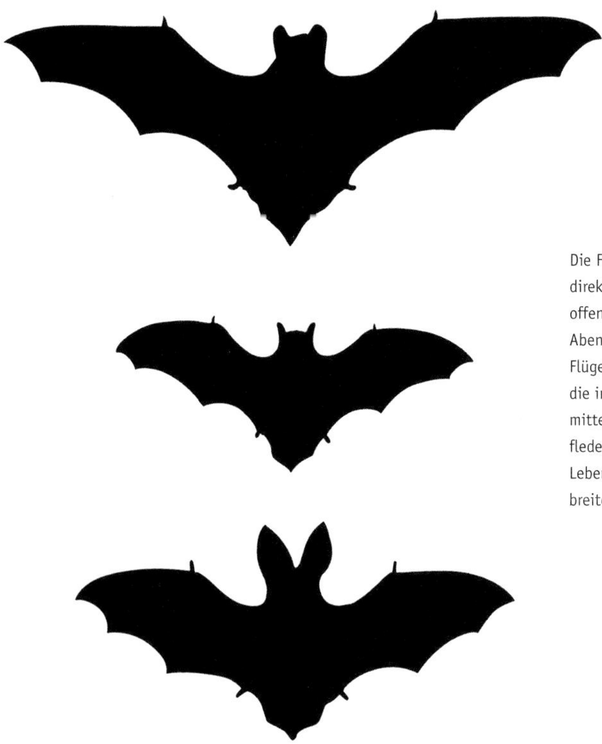

Die Flügelmorphologie einer Fledermaus hängt direkt mit ihrer Jagdstrategie zusammen. Im offenen Luftraum jagende Arten wie der Große Abendsegler (oben) haben schmale, spitze Flügel. Arten wie die Zwergfledermaus (Mitte), die in halboffenen Lebensräumen jagen, haben mittelbreite Flügel. Arten wie die Bechsteinfledermaus (unten), die in hindernisreichen Lebensräumen nach Nahrung suchen, haben breite, abgerundete Flügel.

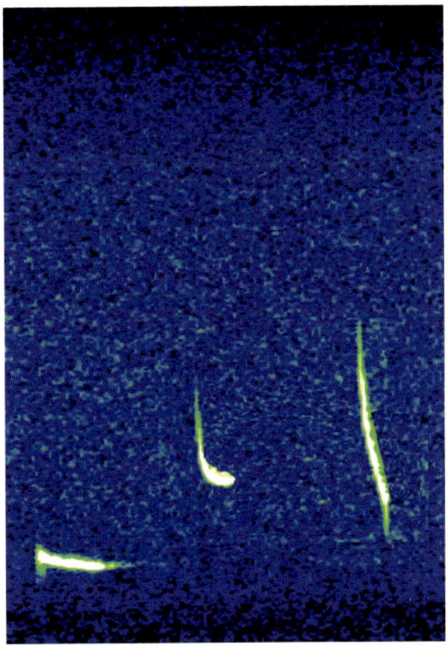

Je nach Jagdstrategie unterscheiden sich auch die Echoortungsrufe verschiedener Arten. Die Rufe von Jägern des offenen Luftraumes (links) sind tief und laut und haben eine große Reichweite. Die Rufe von Arten aus hindernisreichen Lebensräumen (rechts) sind eher leise und decken einen großen Frequenzbereich ab. Dadurch verringert sich zwar ihre Reichweite, dafür verbessert sich die räumliche Auflösung. Die Rufe von Arten der halboffenen Lebensräume (Mitte) stellen eine Mischform der Vorgenannten dar.

So vielfältig wie die Jagdstrategien sind auch die zur Jagd aufgesuchten Lebensräume. Anpassungsfähige und auch deshalb häufige Arten wie die Zwergfledermaus kann man in vielen verschiedenen Lebensraumtypen antreffen, solange diese über ausreichend Beuteinsekten verfügen und eine gewisse Strukturvielfalt vorhanden ist. So jagt die Art auch oft ausdauernd in der Nähe von Straßenlaternen, welche UV-Licht emittieren und so Insekten anlocken. Auch hoch und schnell fliegende Arten wie den Großen Abendsegler kann man in den tieferen Lagen der Schweiz fast überall antreffen, wo es ausreichend Insekten gibt.

Andere Arten hingegen haben sich stärker auf bestimmte Jagdlebensraumtypen spezialisiert. So jagen beispielsweise das Graue Langohr und das Kleine Mausohr fast ausschließlich über extensiv genutzten Landwirtschaftsflächen, die Bechsteinfledermaus in alten Eichenwäldern, wo sie auch ihre Sommerquartiere in Baumhöhlen hat, oder die Wasserfledermaus dicht über ruhigen Wasserflächen.

Ähnlich wie bei den Quartieren teilen Biologinnen und Biologen auch die Jagdlebensräume in verschiedene Typen ein. Sie unterscheiden Wald, Gewässer, Siedlungsraum und Landwirtschaftsraum. In allen spielt die Strukturvielfalt eine maßgebende Rolle für die Eignung als Fledermaus-Jagdlebensraum. Je vielfältiger eine Landschaft mit Strukturen wie Bäumen, Hecken, Obstgärten oder Teichen und Tümpeln bestückt ist, umso mehr Arten finden eine Nische und umso größer ist die Artenvielfalt. Eine große Artenvielfalt an einheimischen Pflanzen bedeutet ein konstantes Angebot an Beuteinsekten für Fledermäuse, denn oft haben Insekten nur eine kurze, saisonale Adultphase, in der sie flugfähig und somit für Fledermäuse als Beute zugänglich sind.

Gewässer

Viele Jagdlebensräume befinden sich in der Nähe zu Gewässern. Weil unzählige Fluginsekten ihr Larvenstadium im Wasser verbringen und entsprechend Eiablage, Schlupf und oft auch Paarung hier erfolgen, sind Insektenvielfalt, -verfügbarkeit und -dichte in Gewässernähe deutlich größer als in einem Lebensraum ohne Gewässer.

Naturnahen Gewässern kommt in Fledermauslebensräumen eine große Bedeutung zu. Hier finden Fledermäuse nicht nur zu trinken, sondern auch eine hohe Dichte an Beutetieren.

Wald

Generell werden naturnahe, reich strukturierte Laub- und Mischwälder mit einem hohen Alt- und Totholzbestand als Jagdlebensräume bevorzugt. Daneben gibt es aber auch Spezialisten: So ist das Große Mausohr auf unterwuchsfreie, einschichtige Hallenwälder als Jagdlebensraum angewiesen. Die Bechsteinfledermaus findet man fast ausschließlich in alten Eichenwäldern mit hohem Altholzbestand und vielen Baumhöhlenquartieren. In unterschiedlicher Form und Ausprägung wird der Wald von allen einheimischen Fledermausarten genutzt.

Landwirtschaftliche Nutzflächen

Auf landwirtschaftlichen Nutzflächen sind einerseits Strukturen und andererseits die Vielfalt an verschiedenen Pflanzen ausschlaggebend für die Eignung als Jagdlebensraum. So sind viele Fledermausarten zwingend an Strukturen wie Hecken, Einzelbäume, Obstgärten und Sträucher gebunden. Eine vielfältige Pflanzengesellschaft bietet vielen Insekten Lebensraum und somit auch vielen Fledermausarten eine konstante Nahrungsgrundlage. Eine ausgeräumte Landschaft mit Monokulturen bietet weder für Fledermäuse noch für andere Arten geeignete Lebensräume.

Eine vielfältige, reich strukturierte Agrarlandschaft bietet nicht nur Fledermäusen, sondern auch vielen anderen Arten Lebensraum.

Siedlungsraum

Siedlungen bieten für viele Fledermausarten überraschend diverse Jagdlebensräume. Insbesondere Grünflächen, Parkanlagen oder naturnahe Gärten können eine große Vielfalt an Strukturen einerseits und an Pflanzen- und somit auch Beuteinsektenarten andererseits aufweisen. Einige Arten wie die Weißrandfledermaus jagen auch gerne an Hochhäusern, weil in der Dämmerung viele Insekten auf diese Orientierungspunkte am Horizont zufliegen.

Geeignete Jagdlebensräume können Fledermäuse auch in Siedlungen finden – insbesondere, wenn diese über viele Grünräume verfügen und nur moderat von Lichtverschmutzung betroffen sind.

Flugkorridore

Während die äußerst mobilen Jägerinnen des offenen Luftraumes fast überall angetroffen werden können und ihre Quartier- und Jagdlebensräume oft mehrere Kilometer auseinanderliegen, fliegen andere Arten nachts kaum mehr als ein paar Hundert Meter von ihren Tagesquartieren weg. Darum kann bei wenig mobilen Arten der Verlust eines Quartier- oder Jagdlebensraumes das rasche Erlöschen einer Population zur Folge haben, während sich mobilere Arten einfacher anderswo einen Ersatz suchen können.

Flugkorridore sind nachtdunkle Strukturen, wie beispielsweise Hecken, Baumreihen, Waldränder oder Waldwege und Waldschneisen, welchen Fledermäuse abends nach dem Ausflug aus dem Quartier in ihre Jagdgebiete folgen – und entlang derer sie nach der Jagd wieder zurückkehren. Im Siedlungsraum können auch unbeleuchtete Häuser oder Zäune Bestandteile von Flugkorridoren bilden.

Je enger eine Fledermausart an Strukturen gebunden fliegt, desto wichtiger sind solche Flugkorridore. Sie dienen der Orientierung in der Landschaft und bieten Schutz vor Feinden. So nutzt das Braune Langohr die Deckung der Flugkorridore, um von Fressfeinden wie Schleiereulen, Waldkäuzen, Baumfalken und Katzen unentdeckt zu bleiben. Hufeisennasen fliegen bei Mondlicht gar auf der Schattenseite von Hecken ins Jagdgebiet.

Werden Flugkorridore beispielsweise durch Streulicht einer ungerichteten Wegbeleuchtung künstlich erhellt, verlieren sie ihre Schutzwirkung und der Flugkorridor ist zumindest für einige Fledermausarten genauso unterbrochen, wie wenn Hecken entfernt oder eine Straße quer durch den Flugkorridor gebaut wird. Während schnell fliegende, im freien Luftraum jagende und laut rufende Arten durchaus auch offenes Gelände queren, sind strukturgebundene Fledermausarten zwingend auf Flugkorridore angewiesen. So kann die An- beziehungsweise Abwesenheit von Flugkorridoren das Vorkommen verschiedener Fledermausarten beeinflussen.

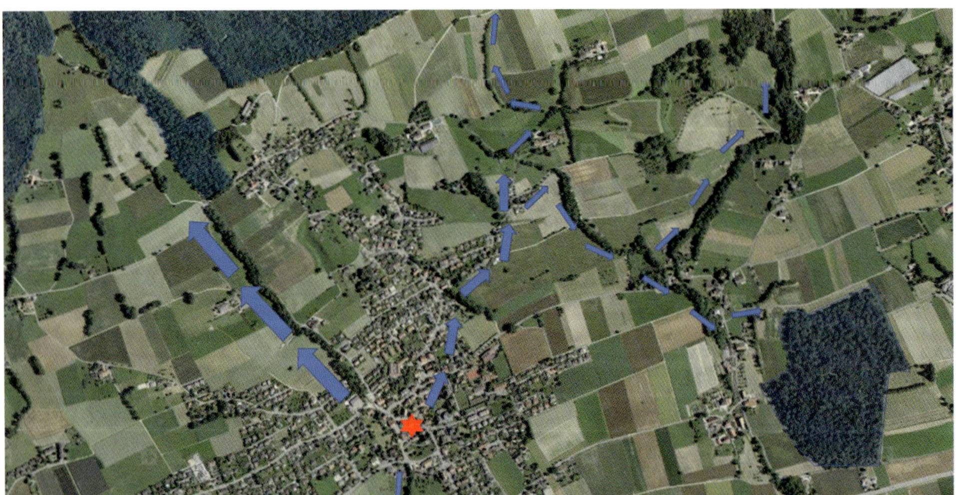

Von ihren Quartieren im Siedlungsraum (rot) fliegen viele Fledermausarten entlang nachtdunkler Strukturkorridore in ihre Jagdgebiete. Die Dicke der Pfeile symbolisiert die unterschiedlich starke Nutzung der verschiedenen Abschnitte.

Zugrouten

Einige Fledermausarten legen zwischen Sommer- und Winterquartier Distanzen von bis über 1000 Kilometer zurück. Zu diesen Langstreckenziehern zählen Großer und Kleiner Abendsegler sowie die Rauhautfledermaus. Während Männchen dieser Arten das ganze Jahr über in der Schweiz angetroffen werden können, verbringen die Weibchen den Sommer in Nord- und Nordosteuropa und kommen lediglich zum Überwintern zu uns. Eine im Kanton Solothurn aufgefundene Rauhautfledermaus flog innerhalb von 30 Tagen aus Litauen in die Schweiz, sie legte pro Nacht also mindestens 50 Kilometer zurück! Aber auch viele andere Arten oder zumindest Individuen überwinden Distanzen von einigen Dutzend bis mehreren Hundert Kilometern zwischen Sommer- und Winterquartier.

Im Gegensatz zum gut untersuchten Vogelzug wissen wir vom Fledermauszug nach wie vor vergleichsweise wenig. Vieles deutet aber darauf hin, dass ziehende Fledermäuse nicht bestimmten Zugrouten folgen. Nachweise zahlreicher Fledermausarten im Hochgebirge, beispielsweise auf dem Jungfraujoch auf über 3400 Meter über Meer (m ü. M.), lassen vermuten, dass die Tiere die Schweiz wie auch die Alpen auf breiter Front durchqueren. Dennoch kann es zu örtlich und zeitlich konzentrierten Ansammlungen ziehender Fledermäuse kommen, wie andererseits Untersuchungen am Gotthardpass ergeben haben.

Immer kleinere Telemetriesender werden in Zukunft dabei helfen, das Zugverhalten der Fledermäuse besser zu verstehen.

Auch das Jungfraujoch auf über 3400 m ü. M. wird regelmäßig von ziehenden Fledermäusen überquert.

Artenporträts

In der Schweiz wurden bisher 30 verschiedene Fledermausarten nachgewiesen. Diese stellen teils sehr unterschiedliche Ansprüche an ihren Lebensraum und sind entsprechend mit ganz verschiedenen Bedrohungen konfrontiert respektive auf unterschiedliche Schutz- und Fördermaßnahmen angewiesen. Diese Unterschiede werden im Folgenden an ein paar ausgewählten Artbeispielen aufgezeigt. Die komplette Übersicht über alle 30 Arten findet sich im Internet unter: *fledermausschutz.ch/arten*

Zwergfledermaus *(Pipistrellus pipistrellus)*

Kennzeichen

Spannweite: 18–24 cm
Gewicht: 3–6 g
Höchstalter: 16 Jahre
Jungtiere pro Jahr: 1–2

Status

Schutz: geschützt nach NHG
Rote Liste: LC (nicht gefährdet)
Nationale Priorität: n (keine)

Lebensraumnutzung

Quartiere: Nutzt im Sommer tagsüber verschiedenste Hohlräume an Gebäuden, zum Beispiel in Zwischendächern, Rollladenkästen, Fassadenspalten, hinter Wandverschalungen oder Streichbalken, aber auch Fledermauskästen. Bildet Wochenstuben von meist wenigen Dutzend, manchmal aber bis zu 250 Tieren. Quartierwechsel während des Sommers alle paar Tage bis Wochen, wobei jedes Jahr dieselben Quartiere genutzt werden. Distanz zwischen Quartieren bis zu 20 Kilometer. Auch im Winter oft an und in Gebäuden. Überwintert aber wohl auch in Felsspalten.

Jagdlebensräume: Opportunistische Jägerin des halboffenen Kulturlandes. Jagdlebensräume umfassen Gärten, Parks, Gewässerufer, Waldränder, Hecken usw. Jagt oft in der Nähe von Straßenlaternen. Jagdgebiete meist in unmittelbarer Quartiernähe. Größenordnung Jagdgebiete: 10 bis 100 Hektar.

Flugkorridore: Wenig lichtsensible Art mit kaum ausgeprägter Strukturgebundenheit. Flugkorridore deshalb von untergeordneter Bedeutung. Distanz zwischen Sommer- und Winterquartier meist weniger als 20 Kilometer.

Verbreitung

Abgesehen vom Hochgebirge fast flächendeckend in der ganzen Schweiz, mit Dichten von bis zu 22 Weibchen pro Quadratkilometer. Wochenstuben meist unterhalb von 1000 m ü. M., einzelne Nachweise jedoch bis auf über 3200 m ü. M.

Gefährdung

- Quartierverlust durch unbegleitete Gebäudesanierungen: Renovierungen, Sanierungen zur energetischen Optimierung der Gebäudehülle, Verschluss der Zugänge, Umnutzungen, Einsatz giftiger Holzschutzmittel.
- Rückgang des Nahrungsangebots vor allem in der Kulturlandschaft: intensivere und großflächigere Landwirtschaft, sterile, naturferne Privatgärten und problematischer, oft unnötiger Einsatz von Pestiziden in Landwirtschaft und Privathaushalten.
- Mögliche Verdrängung durch die Weißrandfledermaus *(P. kuhlii).*

Maßnahmen

Quartiere: Schutz bestehender Wochenstuben stärken (raumplanerische Verankerung). Bei baulichen Veränderungen an bekannten Quartieren Hinzuziehen der *Kantonalen Fledermausschutz-Beauftragten* (KFB).

Jagdlebensräume: Förderung naturnaher Gärten mit standortgerechter Bepflanzung. Erhöhung des Grünflächenanteils im Siedlungsraum. Reduktion des Pestizideinsatzes in Privathaushalten und Landwirtschaft

Flugkorridore: Synergien mit anderen Arten zur Etablierung einer *Ökologischen Infrastruktur* durch den Siedlungsraum (z. B. Grünräume oder Dunkelkorridore).

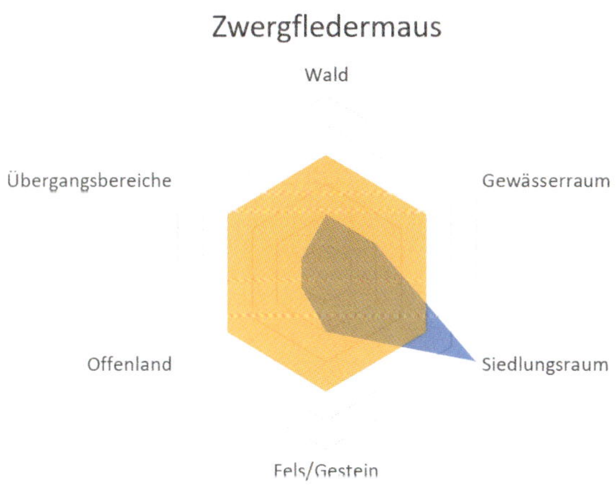

Spiderdiagramm Lebensraumnutzung.
Blau: Quartierlebensräume. Orange: Jagdlebensräume

Mopsfledermaus *(Barbastella barbastellus)*

Kennzeichen
Spannweite: 24–28 cm
Gewicht: 8–11 g
Höchstalter: 22 Jahre
Jungtiere pro Jahr: 1–2

Status
Schutz: geschützt nach NHG
Rote Liste: EN (stark gefährdet)
Nationale Priorität: 3 (mittel)

Lebensraumnutzung
Quartiere: Die Mopsfledermaus ist eine Quartierspezialistin: Sie versteckt sich im Sommer tagsüber meist hinter der abstehenden Rinde abgestorbener Bäume und ist deshalb auf stehendes Totholz in ausreichenden Mengen angewiesen. Vereinzelt finden sich Quartiere jedoch auch in Fledermauskästen, hinter Fensterläden oder hölzernen Wandverschalungen. Wochenstuben umfassen meist 10 bis 50 Weibchen. Als Winterquartiere dienen unterirdische Höhlen und Felsspalten, wobei die Art als kältetolerant gilt.

Jagdlebensräume: Ihre Nahrung besteht größtenteils aus Faltern, die Nahrungssuche findet fast ausschließlich im Wald und in Waldnähe statt. Jagdlebensräume umfassen nicht zu dichte Wälder, gut strukturierte Waldränder, Hochstammobstgärten und zumindest saisonal auch extensive Wiesen und Weiden. Jagdgebiete können bis zu 20 Kilometer vom Quartier entfernt liegen, meist jedoch weniger als 4,5 Kilometer.

Flugkorridore: Es handelt sich um eine stark strukturgebundene Art, die sich nur selten weit vom Wald entfernt. Für Transitflüge zwischen verschiedenen Wäldern wie auch zwischen Gebäudequartieren und Jagdlebensräumen sind deshalb möglichst durchgehende Hecken, Feldgehölze oder Alleen von Vorteil.

Verbreitung
Die Mopsfledermaus ist verbreitet, aber nirgends häufig. Durch ihre starke Bindung an den Wald gibt es kaum Zufallsfunde, weshalb sie in ihrer Verbreitung gerne unterschätzt wird. Sie besiedelt die ganze Schweiz bis zur Baumgrenze.

Gefährdung
- Quartierverlust durch das Fällen alter, absterbender und toter Bäume (Käferholz) sowie genereller Mangel an stehendem Totholz im Wald.
- Quartierverlust durch unbegleitete Gebäudesanierungen: Renovierungen, Sanierungen zur energetischen Optimierung der Gebäudehülle, Verschluss der Zugänge, Einsatz giftiger Holzschutzmittel.

- Energieverlust wegen Störungen durch Höhlentourismus während des Winterschlafs.
- Lebensraumverlust/-fragmentierung durch Lichtverschmutzung und Infrastrukturbauten (Straßen, Bahnlinien) im Wald.

Maßnahmen

Quartiere: Waldquartiere: Anpassung der Forstwirtschaft hin zu mehr Quartierbäumen – sprich: stehendes Totholz mit sich ablösender Rinde. Mindestens fünf bis zehn Quartierbäume pro Hektar Wald.

Gebäudequartiere: Einbezug der näheren Quartierumgebung in die Quartierschutzkonzepte, insbesondere hinsichtlich Reduktion/Vermeidung von Lichtverschmutzung.

Schutz von bekannten Winterquartieren in Höhlen mittels Zutrittsbeschränkungen im Winterhalbjahr.

Jagdlebensräume: Schutz und Förderung von lichten Wäldern. Vermeidung von Lichtverschmutzung, insbesondere in Form linearer Beleuchtungen im Wald. Regelmäßige Über- oder Unterquerungshilfen bei stark befahrenen, breiteren Straßen im Wald. Verzicht auf Einsatz von Pestiziden in der Forstwirtschaft.

Flugkorridore: Schutz und raumplanerische Verankerung der Flugkorridore zwischen Gebäudequartieren und Wald. Synergien mit anderen Zielarten zur Etablierung einer *Ökologischen Infrastruktur* durch den Siedlungsraum (insbesondere Dunkelkorridore). Sicherstellung der Konnektivität ausreichend großer, totholzreicher Waldstücke.

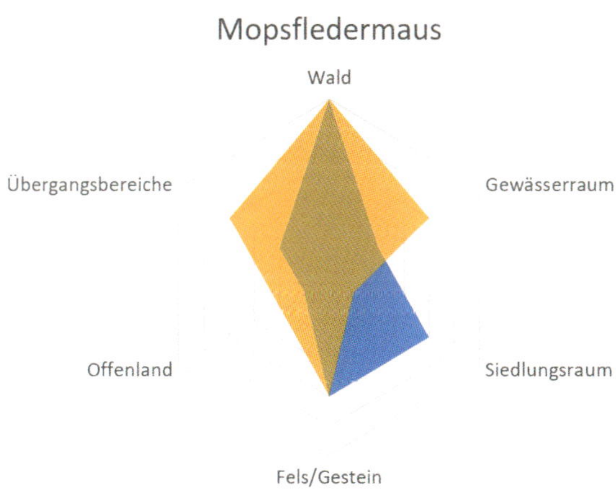

Spiderdiagramm Lebensraumnutzung.
Blau: Quartierlebensräume. Orange: Jagdlebensräume

Großes Mausohr *(Myotis myotis)*

Kennzeichen
Spannweite: 35–43 cm
Gewicht: 18–39 g
Höchstalter: > 30 Jahre
Jungtiere pro Jahr: 0–2, meist 1

Status
Schutz: geschützt nach NHG
Rote Liste: VU (verletzlich)
Nationale Priorität: 1 (sehr hoch)

Lebensraumnutzung
Quartiere: Das Große Mausohr nutzt im Sommer tagsüber große, ungestörte Dachböden, in welchen die Weibchen in Kolonien von teils mehr als 1000 Tieren ihre Jungen aufziehen. Die mehrheitlich solitären Männchen bewohnen im Sommer zusätzlich auch Baumhöhlen, Nistkästen und Felshöhlen. Für den Winterschlaf nutzt die Art vor allem Höhlen und Stollen.

Jagdlebensräume: Die Nahrungssuche erfolgt hauptsächlich in älteren Wäldern mit geschlossenem Kronendach und frei zugänglicher Bodenfläche. Je nach Jahreszeit, Nahrungsangebot und Bewuchshöhe jagt die Art aber auch über Viehweiden, Äckern und in Hochstammobstgärten. Ihre Beutetiere sind vor allem Laufkäfer, welche im Tiefflug knapp über dem Boden erjagt werden. Das Große Mausohr ist in der Lage, seine Beute über deren Krabbelgeräusche zu orten. Jagdgebiete können mehr als 20 Kilometer vom Quartier entfernt sein.

Flugkorridore: Vor allem in Gebieten mit erhöhter Lichtverschmutzung ist das Große Mausohr eine stark strukturgebundene Art. Es fliegt dann auf Transitflügen meist entlang von Waldrändern, Hecken, Gewässern oder Dunkelkorridoren durch den Siedlungsraum. Die Distanzen zwischen Sommer- und Winterquartier können bis über 100 Kilometer betragen.

Verbreitung
Die Art erlitt massive Bestandseinbrüche in der Mitte des 20. Jahrhunderts. Gegenwärtig existieren nur noch rund 100 Wochenstubenkolonien, konzentriert auf das Mittelland, das Tessin und warme Alpentäler. Der Gesamtbestand in den Wochenstuben beträgt rund 18 000 adulte Tiere. Aufgrund ihrer großen nächtlichen Mobilität und der verstreut lebenden Männchen kann sie aber in tiefen Lagen fast flächendeckend nachgewiesen werden.

Gefährdung
- Quartierverlust durch unbegleitete Gebäudesanierungen: Renovierungen, Sanierungen zur energetischen Optimierung der Gebäudehülle, Verschluss der Zugänge, Umnutzungen, Einsatz giftiger Holzschutzmittel.

- Eindringen von Mardern und Eulen in Gebäudequartiere.
- Energieverlust wegen Störungen durch Höhlentourismus während des Winterschlafs.
- Lebensraumverlust/-fragmentierung durch Lichtverschmutzung (Quartiere, Flugkorridore) im Siedlungsraum sowie Lärmverschmutzung und Infrastrukturbauten in den Jagdgebieten.
- Verlust von Jagdlebensräumen im Wald: starker Rückgang von Hallenwäldern wegen veränderter Wachstumsbedingungen (verdichtete Böden, trockenheiße Sommer, erhöhte Stickstoffkonzentration) und Forstpraktiken.
- Rückgang des Nahrungsangebots vor allem im Offenland wegen intensivierter und großflächigerer Landwirtschaft und übermäßigem Dünger- und Pestizideinsatz.

Maßnahmen

Quartiere: Schutz bestehender Wochenstuben stärken (raumplanerische Verankerung). Weiterführen der Quartierbetreuung durch ehrenamtliche Mitarbeiterinnen und Mitarbeiter (nationales Schutz- und Monitoringprogramm). Einbezug der näheren Quartierumgebung, insbesondere hinsichtlich Lichtverschmutzung. Verzicht auf Fassadenbeleuchtungen an Quartiergebäuden im Sommerhalbjahr. Schutz von bekannten Winterquartieren in Höhlen mittels Zutrittsbeschränkungen.

Jagdlebensräume: Schutz und Förderung von Hallenwäldern mit freiem Bodenzugang: wo ausreichend, über Schonung entsprechender Baumbestände, ansonsten durch gezielte Pflegeeingriffe (maschinelle/manuelle Entfernung von Strauchschicht und Brombeeren, Stoßbeweidung nach Laubaustrieb usw.). Mittelfristig großflächigere Ausrichtung der Forstwirtschaft in Zielgebieten. Erhöhung der Umtriebszeit und Schonung der dicksten Bäume.

Flugkorridore: Erfassung und raumplanerische Verankerung sowie konsequenter Schutz von nachtdunklen Flugkorridoren zwischen Quartier und Jagdlebensraum. Überprüfung und, wo nötig, Optimierung des Beleuchtungsregimes und des Strukturkorridors in Quartiernähe. Synergien mit anderen Zielarten zur Etablierung einer *Ökologischen Infrastruktur* durch den Siedlungsraum (insbesondere Dunkelkorridore).

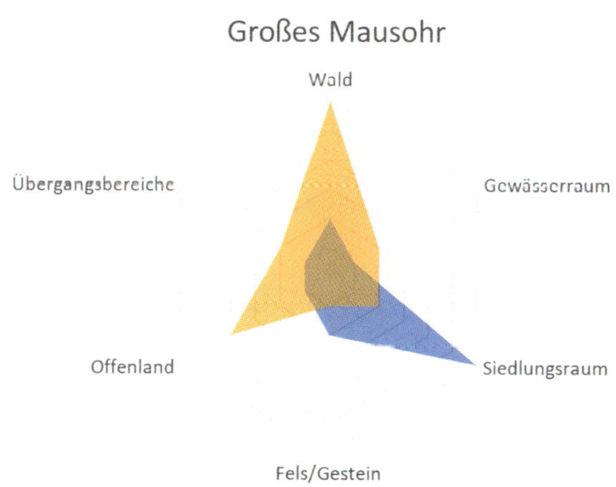

Spiderdiagramm Lebensraumnutzung.
Blau: Quartierlebensräume. Orange: Jagdlebensräume

Braunes Langohr *(Plecotus auritus)*

Kennzeichen

Spannweite: 24–29 cm
Gewicht: 6–12 g
Höchstalter: > 30 Jahre
Jungtiere pro Jahr: 1

Status

Schutz: geschützt nach NHG
Rote Liste: VU (verletzlich)
Nationale Priorität: 1 (sehr hoch)

Lebensraumnutzung

Quartiere: Das Braune Langohr nutzt im Sommer tagsüber Dachböden und andere Gebäudeteile, in welchen die Weibchen in Kolonien von 10 bis 30, manchmal aber auch über 50 Tieren, ihre Jungen aufziehen. Männchen können sich in denselben Quartieren aufhalten. Neben Gebäuden werden auch Baumhöhlen und Fledermauskästen bewohnt. Nicht reproduktive Tiere finden sich zudem ganzjährig in unterirdischen Quartieren wie Felshöhlen. Für den Winterschlaf dienen vor allem Höhlen und Stollen.

Jagdlebensräume: Für den Beutefang sucht die Art die Nähe von Bäumen oder gar das Innere ausladender Baumkronen, beispielsweise in Wäldern, Parks oder Obstplantagen. Als Beute bevorzugt sie Nachtfalter, frisst aber auch Käfer und Schnaken. Ihre Jagdgebiete liegen meist unmittelbar beim Quartier, können aber auch bis zu acht Kilometer entfernt sein.

Flugkorridore: Es handelt sich um eine stark strukturgebundene Art, insbesondere in Gebieten mit erhöhter Lichtverschmutzung. Sie fliegt auf Transitflügen meist entlang von Waldrändern, Hecken, Gewässern oder Dunkelkorridoren im Siedlungsraum. Die Distanzen zwischen Sommer- und Winterquartier betragen selten mehr als zehn Kilometer.

Verbreitung

Das Braune Langohr ist in der Schweiz in den niedrigeren Lagen fast flächendeckend verbreitet, seine Verbreitungstrends insbesondere im Mittelland sind jedoch deutlich negativ. Wochenstuben liegen meist unterhalb 1000 m ü. M. Das Vorkommen der Art ist stark abhängig von Wald und strukturreicher Kulturlandschaft.

Gefährdung

- Quartierverlust durch unbegleitete Gebäudesanierungen: Renovierungen, Sanierungen zur energetischen Optimierung der Gebäudehülle, Verschluss der Zugänge, Umnutzungen, Einsatz giftiger Holzschutzmittel.
- Quartierverlust durch das Fällen alter Bäume in Parks, aber auch im Wald.
- Energieverlust wegen Störungen durch Höhlentourismus während des Winterschlafs.

- Lebensraumverlust/-fragmentierung durch Lichtverschmutzung (Quartiere, Flugkorridore) im Siedlungsraum, Ausräumung der Landschaft sowie durch Lärmverschmutzung und Infrastrukturbauten in den Jagdgebieten.

Maßnahmen

Quartiere: Schutz bestehender Wochenstuben stärken (raumplanerische Verankerung). Weiterführung und Ausbau der Quartierbetreuung durch ehrenamtliche Mitarbeiterinnen und Mitarbeiter (nationales Schutz- und Monitoringprogramm). Einbezug der mittelbaren Quartierumgebung, insbesondere hinsichtlich Lichtverschmutzung, in die Quartierschutzkonzepte. Verzicht auf Fassadenbeleuchtungen an Quartiergebäuden im Sommerhalbjahr. Förderung von Alt- und stehendem Totholz in Wäldern, Parks und Gärten. Schutz von bekannten Winterquartieren in Höhlen mittels Zutrittsbeschränkungen im Winterhalbjahr.

Jagdlebensräume: Schutz und Förderung von Hochstammobstgärten, Feldgehölzen und großen Einzelbäumen. Vermeidung von Lichtverschmutzung in potenziellen Jagdlebensräumen. Verzicht auf Einsatz von Pestiziden in Forstwirtschaft und Obstbau.

Flugkorridore: Erfassung, raumplanerische Verankerung sowie konsequenter Schutz von nachtdunklen Flugkorridoren zwischen Quartier und Jagdlebensraum. Überprüfung und, wo nötig, Optimierung des Beleuchtungsregimes und der Konnektivität in Quartiernähe. Synergien mit anderen Zielarten zur Etablierung einer *Ökologischen Infrastruktur* durch den Siedlungsraum (insbesondere Dunkelkorridore).

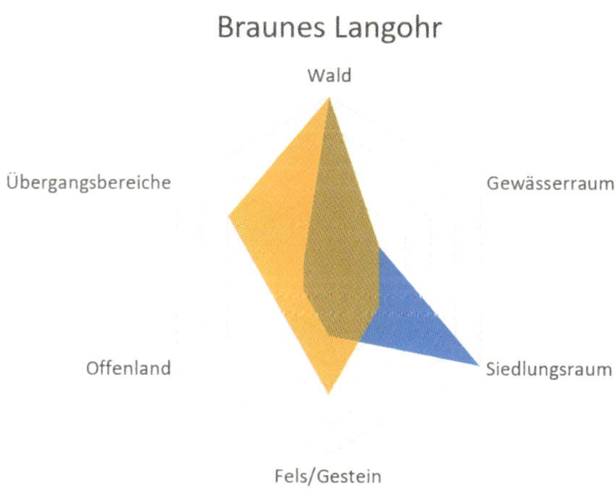

Spiderdiagramm Lebensraumnutzung.
Blau: Quartierlebensräume. Orange: Jagdlebensräume

Großer Abendsegler *(Nyctalus noctula)*

Kennzeichen

Spannweite: 32–45 cm
Gewicht: 18–34 g
Höchstalter: 12 Jahre
Jungtiere pro Jahr: meist 2

Status

Schutz: geschützt nach NHG
Rote Liste: NT (potenziell gefährdet)
Nationale Priorität: 4 (mäßig)

Lebensraumnutzung

Quartiere: Der Große Abendsegler bewohnt hauptsächlich Baumhöhlen in mehreren Metern Höhe und mit hindernisfreiem Anflug. Überdies nutzt er aber auch eine Vielzahl anderer Verstecke wie Fledermauskästen, Rollladenkästen, Mauerspalten oder Brückenhohlkörper.

Jagdlebensräume: Er jagt im freien Luftraum in 5 bis über 100 Metern Höhe nach in Massen auftretenden Insekten. Bei der Jagd ist er trotz seiner Vorliebe für Gewässer über einer Vielzahl unterschiedlicher Lebensräume anzutreffen.

Flugkorridore: Aufgrund der schnellen Fortbewegungsweise im offenen Luftraum ist der Große Abendsegler kaum auf Flugkorridore im engeren Sinne angewiesen. Weil die Art Migrationsverhalten zeigt, sind jedoch überregionale Migrationskorridore von großer Bedeutung. Distanzen zwischen Sommer- und Winterquartier können mehr als 1500 Kilometer betragen.

Verbreitung

Die Art ist weit verbreitet in den tieferen Lagen, insbesondere entlang größerer Gewässer. Nachweise oberhalb 1000 m ü. M. sind selten. Bei uns ist sie hauptsächlich Wintergast, im Sommer bleiben nur einzelne Männchen in der Schweiz.

Gefährdung

- Verlust von Gebäudequartieren durch unbegleitete Sanierungen: Renovierungen, energetische Optimierung der Gebäudehülle, Verschluss der Zugänge, Umnutzungen, Einsatz giftiger Holzschutzmittel.
- Quartierverlust durch Fällen von Höhlenbäumen, zu starke Waldverjüngung und zu kurze Umtriebszeit im Waldbau.
- Rückgang des Nahrungsangebots durch Pestizidbelastung in Gewässern.
- Kollisionen mit Windenergieanlagen.

Maßnahmen

Quartiere: Schutz bestehender Gebäudequartiere stärken (raumplanerische Verankerung). Schutz und Förderung von Höhlenbäumen und Sicherstellen der Zugänglichkeit ebendieser mittels forstlicher Eingriffe (Freistellen). Installation geeigneter Fledermauskästen an Brücken und hohen Gebäuden.

Jagdlebensräume: Reduktion des Pestizideinsatzes an Gewässern. Revitalisierung oder Renaturierung der Uferzonen größerer stehender und langsam fließender Gewässer. Berücksichtigung der Art bei der Planung und Umsetzung von Windenergieprojekten.

Flugkorridore: Schutz von Migrationskorridoren auf überregionaler (internationaler) Ebene. Berücksichtigung ebendieser Korridore bei Windenergievorhaben.

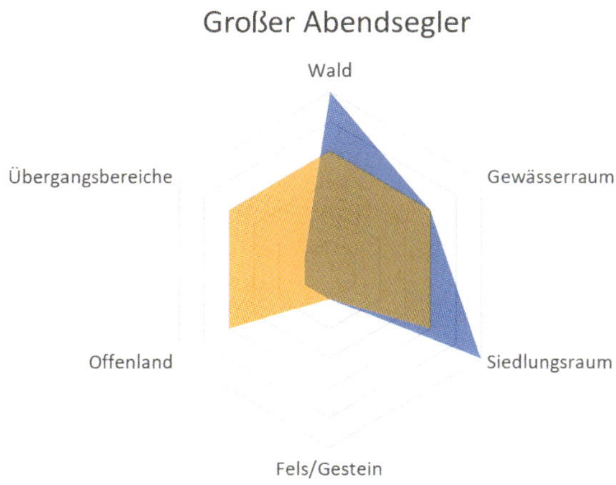

Spiderdiagramm Lebensraumnutzung.
Blau: Quartierlebensräume. Orange: Jagdlebensräume

Kleine Hufeisennase *(Rhinolophus hipposideros)*

Kennzeichen
Spannweite: 19–24 cm
Gewicht: 5–9 g
Höchstalter: 21 Jahre
Jungtiere pro Jahr: 0–1

Status
Schutz: geschützt nach NHG
Rote Liste: EN (stark gefährdet)
Nationale Priorität: 1 (sehr hoch)

Lebensraumnutzung
Quartiere: Die Kleine Hufeisennase nutzt im Sommer tagsüber Dachböden und andere Gebäudeteile, in welchen die Weibchen in Kolonien von einigen wenigen und bis über hundert Tieren ihre Jungen aufziehen. Männchen können sich in denselben Quartieren aufhalten. Nicht reproduktive Tiere finden sich zudem ganzjährig in unterirdischen Quartieren wie Felshöhlen. Für den Winterschlaf ziehen sie sich in Höhlen und Stollen zurück.

Jagdlebensräume: Zur Nahrungssuche dient der Art hauptsächlich der Wald, wobei die Waldstruktur von untergeordneter Bedeutung zu sein scheint. Als Beutetiere kommen Nachtfalter, Zwei- und Netzflügler in Frage. Die Jagdgebiete liegen meist weniger als zwei Kilometer entfernt.

Flugkorridore: Die Kleine Hufeisennase ist eine stark strukturgebundene Art, insbesondere in Gebieten mit erhöhter Lichtverschmutzung. Sie fliegt auf Transitflügen meist entlang von Waldrändern, Hecken, Gewässern oder strukturierten Dunkelkorridoren im Siedlungsraum. Die Distanzen zwischen Sommer- und Winterquartier können bis über 20 Kilometer betragen, sind meist aber deutlich kleiner.

Verbreitung
Die Art erlitt massive Bestandseinbrüche in der Mitte des 20. Jahrhunderts. Gegenwärtig sind nur noch rund 80 Wochenstubenkolonien bekannt, konzentriert auf die Kantone Graubünden, Obwalden und Bern (Region Thuner- und Brienzersee). Einzelne Wochenstuben finden sich zudem in Solothurn, Jura, Neuenburg und St. Gallen. Der Gesamtbestand in den Wochenstuben beträgt rund 5300 adulte Tiere.

Gefährdung
- Quartierverlust durch unbegleitete Gebäudesanierungen: Renovierungen, Sanierungen zur energetischen Optimierung der Gebäudehülle, Verschluss der Zugänge, Umnutzungen, Einsatz giftiger Holzschutzmittel.
- Eindringen von Greifvögeln/Eulen in Gebäudequartiere.

- Energieverlust wegen Störungen durch Höhlentourismus während des Winterschlafs.
- Lebensraumverlust/-fragmentierung durch Lichtverschmutzung (Quartiere, Flugkorridore) im Siedlungsraum, Ausräumung der Landschaft sowie Lärmverschmutzung und Infrastrukturbauten in den Jagdgebieten.

Maßnahmen

Quartiere: Schutz bestehender Wochenstuben stärken (raumplanerische Verankerung). Weiterführen der Quartierbetreuung durch ehrenamtliche Mitarbeiterinnen und Mitarbeiter (nationales Schutz- und Monitoringprogramm). Einbezug der mittelbaren Quartierumgebung sowie der Anbindung an den Wald in Schutzkonzepte, insbesondere hinsichtlich Lichtverschmutzung. Verzicht auf Fassadenbeleuchtungen an Quartiergebäuden im Sommerhalbjahr. Schutz von bekannten Winterquartieren in Höhlen mittels Zutrittsbeschränkungen. Bereitstellen geeigneter Gebäudequartiere in den Randbereichen der aktuellen Verbreitung.

Jagdlebensräume: Verzicht auf Einsatz von Pestiziden in der Forstwirtschaft, Vermeidung von Lichtverschmutzung im Wald (insbesondere Beleuchtung von Waldwegen und -straßen).

Flugkorridore: Erfassung und raumplanerische Verankerung sowie konsequenter Schutz von nachtdunklen Flugkorridoren zwischen Quartier und Jagdlebensraum. Überprüfung und, wo nötig, Optimierung des Beleuchtungsregimes und der Konnektivität in Quartiernähe. Synergien mit anderen Zielarten zur Etablierung einer *Ökologischen Infrastruktur* durch den Siedlungsraum (insbesondere Dunkelkorridore).

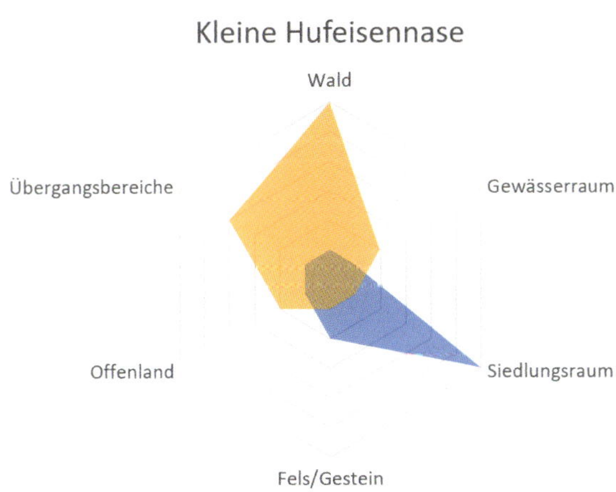

Spiderdiagramm Lebensraumnutzung.
Blau: Quartierlebensräume. Orange: Jagdlebensräume

Ausräumung der Landschaft

Fledermäuse orientieren sich nachts mittels der Echos ihrer Ultraschallrufe. Dies funktioniert jedoch nur, wenn in der Landschaft Objekte stehen, die auch ein Echo zurückwerfen können, zumal die Orientierungsrufe von Fledermäusen meist maximal wenige Dutzend Meter weit reichen. Mittels Echoorientierung bei völliger Dunkelheit in einer Landschaft frei von höheren Strukturen wie Bäumen, Hecken, Bachläufen oder Geländekanten zu navigieren, ist für eine Fledermaus deshalb ähnlich problematisch wie für Seeleute das Navigieren ohne Hilfsmittel auf hoher See. Entsprechend können ausgeräumte Landschaften nur von ein paar wenigen Arten, die an das Jagen im freien Luftraum angepasst sind, genutzt werden. Überdies bieten Strukturen Schutz vor Feinden: Durch ihren meist langsamen Flug sind Fledermäuse in der Dämmerung leichte Beute für Greifvögel und Eulen. Der Flug entlang von deckungsreichen Routen vermindert ihr Sterberisiko aber stark.

Waldflächen dürfen in der Schweiz nicht verkleinert werden. Es gibt also in der Summe keine Verluste an Strukturen durch Rodungen, die Waldbewirtschaftung beeinflusst lediglich die Strukturvielfalt. Anders sieht es hingegen auf Landwirtschaftsflächen, im Siedlungsraum und an Gewässern aus: Hier wurden im Landwirtschaftsraum im Zuge von Meliorationen ab der zweiten Hälfte des 20. Jahrhunderts weite Landstriche der Schweiz ausgeräumt: Hecken, Steine und Felseinschlüsse wurden entfernt, Bäche verrohrt (eingedolt) und Feuchtgebiete entwässert – all dies mit dem Ziel, immer größere Landwirtschaftsparzellen mit immer größeren Maschinen kosteneffizient bewirtschaften zu können. Im Schweizer Mittelland sind ausgeräumte Parzellen von mehreren Hektar Größe mittlerweile eher die Norm als die Ausnahme. Meist werden auf diesen Parzellen Monokulturen angebaut, in denen nur ganz wenige Arten überleben können. Man spricht deshalb auch von «Agrarwüsten».

Ähnlich kleinräumig wie auf diesem Bild war die Landwirtschaft früher auch in der Schweiz.

Mit der fortschreitenden Industrialisierung der Landwirtschaft werden auch die Ackerparzellen immer größer. Dadurch verschwinden für Fledermäuse und andere Tiere wichtige Randstrukturen.

Durch die Vergrößerung der Äcker und der damit verbundenen Ausräumung der Landschaft verringert sich auch der Anteil an Ackerrändern, welche generell etwas weniger intensiv bewirtschaftet werden und entsprechend Rückzugsgebiete für verschiedene Kleintiere, insbesondere auch Insekten, böten.

Mit der Intensivierung der Landwirtschaft geht für Fledermäuse ein Verlust an Jagdlebensräumen und Flugkorridoren einher, aber auch an Quartierlebensräumen: Infolge der staatlich geförderten Abholzung von Hochstammobstbäumen in den 1950er- und 1960er-Jahren, der mehrere Millionen Bäume zum Opfer fielen, verschwanden auch die Baumhöhlen im Landwirtschaftsland, die vielen Fledermausarten als Quartiere dienten.

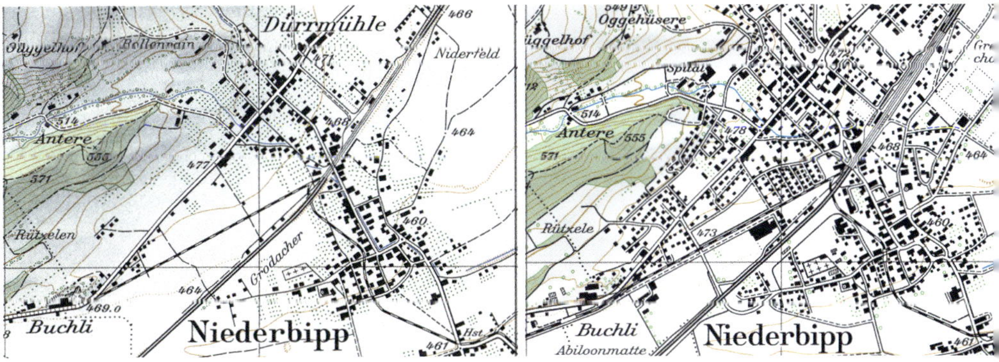

Veränderung des Landschaftsbildes zwischen 1955 und 2018 am Beispiel von Niederbipp. Von den ehemals ausgedehnten Hochstamm-Obstgärten mussten die meisten der Siedlungsentwicklung weichen. (Abdruck mit freundlicher Genehmigung des Bundesamts für Landestopografie swisstopo)

Der Bund unterstützte 2019 die Landwirtschaft mit Direktzahlungen von rund 2,8 Milliarden CHF. Rund 450 Millionen davon flossen in Maßnahmen zur Förderung der Biodiversität. Um Direktzahlungen für Biodiversitätsflächen zu erhalten, müssen Bauern mindestens sieben Prozent ihrer bewirtschafteten Fläche für den Erhalt der Biodiversität bereitstellen. Durch die Erfüllung bestimmter Qualitätskriterien und Maßnahmen zur Vernetzung der Biodiversitätsförderflächen können zusätzliche Gelder beansprucht werden. Mehr als 160 000 Hektar solcher Biodiversitätsflächen gab es 2020 in der Schweiz, darunter viele Flächen, welche Strukturen beinhalten. Trotz dieser großen Investitionen nehmen Biodiversität und natürliche Biomasse aber weiter ab. Vermutlich gibt es mehrere Gründe: Die Wirkungen zeigen sich vielleicht erst in ein paar Jahren, denn Populationen brauchen Zeit, um sich verlorene Lebensräume zurückzuerobern. Bis in einem neu angelegten Obstgarten natürlicherweise Baumhöhlen entstehen, vergehen mehrere Jahrzehnte. Unter Umständen reichen die bisherigen Maßnahmen auch nicht aus: Der Pestizideinsatz geht nur sehr langsam zurück, Pestizide mit Langzeitwirkung, die mittelfristig nicht aus der Umwelt wegzubringen sind, werden nach wie vor eingesetzt. Und die Überdüngung insbesondere mit Stickstoff belastet schweizweit Ökosysteme, sodass Arten, die nährstoffarme Lebensräume brauchen, nicht mehr gedeihen können. Eine Verarmung der Landschaft findet aber auch im Siedlungsraum statt: Wo früher Hühnerhöfe, Obstbäume, Beerensträucher und vielfältige Gemüsegärten das Landschaftsbild prägten und belebten, stehen heute Wohn- und Gewerbeüberbauungen. Die wenigen offenen Flächen, die zwischen den Gebäuden bleiben, werden immer noch mit sterilen Rasen oder gar Schotterflächen zu Grün- und Felswüsten degradiert.

Der Versiegelung der Landschaft mit Asphalt, Zement, Schotter und Folien fallen zunehmend mehr Lebensräume im Siedlungsraum zum Opfer.

Die Auswirkungen dieser Entwicklungen führen nicht nur im Allgemeinen zu einer Verarmung der Biodiversität und der Reduktion der Biomasse, sondern betreffen auch fast all unsere Fledermausarten – wenn auch nicht alle im gleichen Ausmaß. So kann bei stark strukturgebundenen Arten wie Langohren oder Mausohrverwandten bereits eine geringere Reduktion der strukturellen Vielfalt zum Verschwinden führen, während beispielsweise Zwergfledermäuse deutlich toleranter sind.

Als Grundsatzregel gilt aber: In einer ausgeräumten Landschaft gibt es kaum Fledermäuse.

Rechtslage: Gemäß Artikel 18 des Natur- und Heimatschutzgesetzes soll dem Aussterben einheimischer Tier- und Pflanzenarten durch die Erhaltung genügend großer Lebensräume und andere geeignete Maßnahmen entgegengewirkt werden. In intensiv genutzten Gebieten inner- und außerhalb von Siedlungen sollen die Kantone für ökologischen Ausgleich mit Feldgehölzen, Hecken, Uferbestockungen oder anderer naturnaher und standortgemäßer Vegetation sorgen. In der Landwirtschaft geschieht dies hauptsächlich über die Öko-Qualitätsverordnung. Über diese werden Bewirtschaftern Beiträge für ökologische Ausgleichsflächen von besonderer biologischer Qualität und für die Vernetzung ebendieser ausgezahlt, sogenannte Öko-Qualitätsbeiträge.

Dieses Programm wird zwar lokal erfolgreich umgesetzt, insgesamt ist sein Effekt bisher aber bescheiden: Für viele Arten hat sich die Situation seit Inkrafttreten der Verordnung vor 20 Jahren nicht verbessert, sondern ist im Gegenteil noch schlimmer geworden. Offenbar sind die bisherigen Anstrengungen also nicht ausreichend, um den Verlust der Biodiversität in landwirtschaftlich genutzten Gebieten zu stoppen. Aber auch im Siedlungsraum stehen der fortschreitenden strukturellen Verarmung bisher zu wenige wirksame Maßnahmen gegenüber.

Für die Vernetzung von Lebensräumen spielen Fließgewässer eine entscheidende Rolle. Sie gehören grundsätzlich dem Kanton. Die Ufervegetation ist gemäß Artikel 21 des Natur- und Heimatschutzgesetzes geschützt; die Kantone sind verpflichtet, soweit es die Verhältnisse erlauben, dafür zu sorgen, dass fehlende Ufervegetation angelegt wird oder die Voraussetzungen für deren Gedeihen geschaffen werden. Das Gewässerschutzgesetz Artikel 38 verbietet seit 1991 grundsätzlich die Überdeckung und das Verrohren (Eindolen) von Gewässern. Diese Gegebenheiten bieten beste Voraussetzungen, um noch deutlich mehr für die (Wieder-)Vernetzung der Landschaft zu tun, als dies gegenwärtig der Fall ist.

Maßnahmen

Sowohl im Landwirtschaftsgebiet und im Siedlungsraum als auch bei Gewässern bestehen solide rechtliche Grundlagen, um gegen die Ausräumung der Landschaft vorzugehen, und der Handlungsbedarf ist meist erkannt. Die bisherigen Maßnahmen konnten jedoch nicht verhindern, dass die Biodiversität vielerorts weiter abnimmt.

Unbestritten ist aber, dass man noch mehr tun kann. So können in Absprache mit den Grundeigentümerinnen und -eigentümern verrohrte Bäche renaturiert, Hecken, Feldgehölze und Obstbäume gepflanzt, Ast- und Steinhaufen angelegt oder Blühstreifen und mehrjährige Buntbrachen an Acker- oder Wegrändern angesät werden. Viele dieser Elemente lassen sich auch miteinander kombinieren und bieten so nicht nur Strukturen für Fledermäuse, sondern auch Lebensraum für Beutetiere und unzählige andere Tiere und Pflanzen. Von besonderer Bedeutung aus Sicht des Fledermausschutzes ist die Vernetzung der einzelnen Elemente untereinander. Die meisten Fledermausarten meiden Flugrouten, auf welchen sie mehr als 30 bis 50 Meter über strukturlose Flächen zurücklegen müssen. Größere Lücken in der Vernetzung lassen sich – zumindest für Fledermäuse – am einfachsten über die Pflanzung von Einzelbäumen mindestens alle 20 bis 30 Meter schließen, besser sind durchgehende Hecken. Eine besondere Bedeutung kommt Strukturkorridoren zu, welche den Siedlungsraum mit dem Wald verbinden.

Viele Fledermausarten sind auf diese beiden Lebensräume und damit einhergehend auf eine strukturelle, nachtdunkle Vernetzung zwischen ihnen angewiesen.

Hecken bieten nicht nur Leitlinien für Fledermäuse, sondern auch Lebensraum für eine Vielzahl anderer Arten. Hier wird gerade eine neue Hecke gepflanzt.

Im Siedlungsraum kann die öffentliche Hand Strukturvielfalt auf den gemeindeeigenen Flächen fördern, aber auch Privatpersonen darin unterstützen. So lassen sich in Zusammenarbeit mit den Gemeindebehörden Flächen auf Friedhöfen, Schulhausarealen, in Begegnungszonen oder an Straßenrändern ökologisch aufwerten. Privatpersonen können durch Informations- und Sensibilisierungskampagnen oder die Abgabe einheimischer Pflanzen zu mehr Strukturen im Garten bewegt werden. Zu prüfen ist überdies, ob und wie in Privatgärten ein biodiversitätsfreundlicher Flächenanteil vorgeschrieben werden könnte. Für größere Überbauungen müsste eine biodiversitätsfreundliche Umgebungsgestaltung zur Pflicht werden.

Öffentliche Flächen bieten ein beträchtliches Potenzial für Aufwertungen – hier ein Beispiel aus der Stadt Baden.

Auch ein naturnaher Garten kann durchaus gepflegt aussehen.

Da Fließgewässer grundsätzlich dem Kanton gehören, lassen sich hier meist mit wenig Aufwand Bewilligungen für die Pflanzung von Hecken, Einzelbäumen oder Feldgehölzen einholen. Sind diese erst einmal angewachsen, dürfen sie «weder gerodet noch überschüttet noch auf andere Weise zum Absterben gebracht werden». Auch wenn die Verrohrung (Eindolung) eines Fließgewässers saniert wird, lohnt sich oft eine kurze Nachfrage beim kommunalen oder kantonalen Amt, ob die Sanierung rechtens ist oder ob – gestützt auf die gesetzlichen Grundlagen – nicht doch noch eine Ausdolung und somit Renaturierung des Gewässers durchgesetzt werden kann.

Bewilligungen für Uferbepflanzungen an Fließgewässern sind einfach einzuholen, da es sich dabei meist um öffentliche Gewässer handelt.

Das können Sie gegen die Ausräumung der Landschaft tun

- Besitzen Sie einen eigenen Garten, pflanzen Sie einheimische Gehölze und Sträucher an. Schaffen Sie Strukturen mit Ast- und Steinhaufen. Legen Sie ein Kleingewässer an.

- Nach dem Motto «Tue Gutes und sprich darüber» informieren Sie Ihr Umfeld, warum Sie einen naturnahen Garten haben und was Sie damit bezwecken wollen. Liegt Ihr Grundstück an einem Weg, informieren Sie mit einem Poster oder einer Plakette, dass Sie mit Ihrem Garten etwas gegen die Ausräumung der Landschaft und den Verlust der Biodiversität tun.

- Haben Sie keinen eigenen Garten, gestalten Sie Balkon oder Terrasse naturnah mit einheimischen Wildblumen.

- Sprechen Sie in Ihrem Umkreis Bauern, Unternehmen, Gemeindeverwaltungen, Nachbarn, Freunde und Verwandte an und weisen Sie auf das Problem und die Lösungsmöglichkeiten hin. Machen Sie Ihrem Umfeld klar, dass naturnahe Gärten bei richtiger Gestaltung schön und pflegeleicht sein und dennoch gepflegt aussehen können.

- Überzeugen Sie Landwirtinnen und Landwirte, Buntbrachen und Blühstreifen oder Hecken anzulegen, oder helfen Sie ihnen gar dabei.

- Setzen Sie sich ein für den Schutz alter und die Pflanzung neuer Obst- und Feldbäume.

- Bepflanzen Sie in Absprache mit dem kantonalen Amt Ufer von Fließgewässern mit Weiden, Erlen oder anderen geeigneten Gehölzen oder Hecken.

- Organisieren Sie Standaktionen oder Fledermausexkursionen mit Schwerpunkt Ausräumung der Landschaft.

- Erstellen und verteilen Sie Plaketten an vorbildliche Haushalte, Unternehmen oder Gemeinden.

- Organisieren Sie Pflanzaktionen für einheimische Bäume und Sträucher im Siedlungsraum.

- Setzen Sie sich bei Auflage- und Bewilligungsverfahren von Gestaltungsplänen und Baugesuchen dafür ein, dass Umgebungen naturnah und strukturreich gestaltet werden.

Quartierverlust

Fledermäuse stellen im Jahresverlauf wechselnde Ansprüche an ihre Quartiere. So suchen sie beispielsweise zur Jungenaufzucht Quartiere auf, die sich schnell erwärmen, während sie im Winter Quartiere bevorzugen, welche gleichmäßig kühl und oft feucht sind. Mikroklima, Reproduktionsstatus und Geschlecht bedingen, dass Fledermäuse im Jahresverlauf ganz unterschiedliche Quartiere nutzen – sie werden im Kapitel «Lebensraumnutzung» ausführlich vorgestellt.

In den letzten Jahrzehnten aber sind bestimmte Fledermausquartiere selten geworden. Im Folgenden werden die Verluste und ihre Ursachen sowie mögliche Fördermaßnahmen erläutert.

Rechtslage: Gemäß Natur- und Heimatschutzgesetz ist es untersagt, Wochenstuben von Fledermäusen zu zerstören. Die Berner Konvention, welche auch die Schweiz unterzeichnet hat, untersagt zudem auch das mutwillige Zerstören aller anderen Fledermausquartiere.

Verlust von Fledermausquartieren an Gebäuden

Viele Leute haben Angst vor Schäden, wenn sie ein Fledermausquartier am Haus haben. Diese ist jedoch in den meisten Fällen unbegründet. Fledermäuse haben keine Nagezähne wie Ratten oder Mäuse. Auch tragen sie kein Nistmaterial ein. Probleme mit herunterfallendem Kot lassen sich meist einfach mit einem Kotbrett lösen, welches unterhalb der Ausflugöffnung angebracht wird. Auch eine unter der Ausflugöffnung platzierte Pflanze mit hohem Nährstoffbedarf kann den anfallenden Kot aufnehmen und wird so kontinuierlich und gratis gedüngt.

Moderne Häuser bieten Fledermäusen kaum Versteckmöglichkeiten.

Rund die Hälfte der einheimischen Fledermausarten bewohnt bevorzugt Quartiere an Gebäuden. Ein weiteres Drittel nutzt zumindest gelegentlich Gebäudequartiere. In Frage kommen dafür je nach Fledermausart, Reproduktionszustand und Geschlecht Dachböden, Keller- und Nebenräume. Bei den Fassaden sind es Mauerspalten, Wandverschalungen, Zwischendächer, Rollladenkästen, Blechabdeckungen, Schindeln, Fensterläden oder Dachvorsprünge. Schon ein daumenbreiter Spalt ist ausreichend, damit sich die meisten Fledermausarten Zugang verschaffen können.

Trotz unserer regen Bautätigkeit werden diese Quartiere jedoch immer seltener. Die Ursachen sind so vielfältig wie die verschiedenen Quartiermöglichkeiten.

Ausbau von Dachböden

In den letzten 70 Jahren verschwanden die meisten ungenutzten Dachböden. Viele von ihnen wurden zu Wohnraum ausgebaut, in welchem Fledermäuse keinen Platz mehr haben. Die Auswahl an Quartiermöglichkeiten ist für Arten wie Mausohren oder Hufeisennasen, welche Dachböden für Trächtigkeit und Jungenaufzucht benötigen, rar geworden.

Maßnahmen

Dachbodenquartiere von Fledermäusen dürfen nicht zerstört werden. Dies führt zwar regelmäßig zu Konflikten, aber oft gibt es Möglichkeiten, sowohl das Fledermausquartier zu erhalten als auch einen Ausbau vorzunehmen. Weil jeder Fall anders ist, lassen sich keine pauschalen Vorgaben über das fledermausfreundlichste Vorgehen machen. Sind Arbeiten an bekannten oder vermuteten Dachbodenquartieren geplant, ist deshalb frühzeitig eine Fledermausschutz-Fachperson hinzuzuziehen.

Renovierungen

Fledermäuse nutzen oft immer wieder dieselben Quartiere und kommen jedes Jahr zurück, insbesondere in Wochenstuben oder Winterschlafquartieren. Bei Renovierungen können Fledermausquartiere zerstört werden.

Maßnahmen

Fledermausverstecke müssen, wann immer möglich, erhalten bleiben. Der Schweizer Fledermausschutz begleitet jährlich rund 300 Renovierungen von Gebäuden mit Fledermausquartieren und gewährleistet die biologisch und juristisch richtige Lösung bei Sanierungen. Sind Arbeiten an bekannten oder vermuteten Gebäudequartieren geplant, ist deshalb frühzeitig eine Fledermausschutz-Fachperson hinzuzuziehen. Diese kann einschätzen, zu welcher Jahreszeit die geplante Renovierung das geringste Risiko für die Fledermäuse mit sich bringt, die Arbeiten überwachen oder den Handwerkern bei Unklarheiten Auskunft geben.

Die Maßnahmen sind meist mit wenig Zusatzaufwand umsetzbar:

- Arbeiten nur während der Abwesenheit der Tiere
- Keine Veränderung der Hangplätze und der Ein- und Ausflugöffnungen vornehmen
- Veränderung des Mikroklimas im Quartierinneren vermeiden, beispielsweise beim Anbringen von Isolation
- Verzicht auf giftige Holzschutzmittel im Quartier und in Quartiernähe
- Verzicht auf zusätzliche künstliche Lichtquellen in Quartiernähe

Stößt man während einer Renovierung unerwartet auf Fledermäuse oder deren Kotkrümel, beispielsweise beim Abdecken eines Daches, sind die Arbeiten sofort einzustellen und ein Fledermausschutz-Nottelefon zu verständigen – siehe Kapitel «Tierschutz».

Häufig taucht die Frage auf, ob man die Fledermäuse denn nicht umsiedeln kann. Man hat es im Rahmen von Forschungsarbeiten zigfach versucht, indem man Fledermäuse abgefangen und ein paar bis Dutzende Kilometer weiter weg wieder freigelassen hat. Meist waren die Fledermäuse bereits am nächsten Tag wieder da. Eine Umsiedlung ist auch aus rechtlicher Sicht nicht möglich.

Bei der Sanierungen älterer Gebäude gehen viele Fledermausquartiere verloren. Sei es, weil Dachböden zu Wohnungen umfunktioniert oder weil Ritzen und Spalten abgedichtet werden.

Holzschutzmittel

Holzschutzmittel werden bei Befall durch Pilze und holzfressende Insekten oder als vorbeugende Maßnahme eingesetzt. Immer noch sind viele Holzschutzmittel erhältlich, die für Säugetiere giftig sind – auch für uns Menschen. Holzschutzmittel können Fledermäuse vergiften. So hat vermutlich der Einsatz der Insektizide DDT und Lindan (beide heute verboten) ganz wesentlich dazu beigetragen, dass die Kleine Hufeisennase aus weiten Teilen Mitteleuropas verschwand. Aber auch Holzschutzmittel wie Permethrin, das in der Schweiz vielfältige Anwendung findet, stehen im Verdacht, Fledermäuse zu töten, wobei vor allem Jungtiere wegen ihrer geringen Körpergröße sehr empfindlich reagieren.

Auf die Wirkung von Pestiziden im Allgemeinen wird im entsprechenden Kapitel eingegangen.

Maßnahmen

Ein Verzicht auf Holzschutzmittel beziehungsweise die Verwendung unempfindlicher einheimischer Hölzer beim Bau wie Lärche ist der beste Lösungsansatz, um die Wahrscheinlichkeit eines Befalls mit Pilzen und holzfressenden Insekten zu minimieren. Das Risiko für Pilzbefall lässt sich überdies auch durch die Vermeidung von übermäßiger Feuchtigkeit im Holz, wie sie beispielsweise durch undichte Dächer, wetterexponierte Balken oder unzureichende Belüftungen verursacht wird, reduzieren.

Besteht ein Verdacht auf Insekten- oder Pilzbefall, sollte nach Möglichkeit zunächst ein Experte den Befall und dessen Folgen abschätzen. Fraßlöcher im Holz können unter Umständen auch sehr alt sein. Und es gibt Pilze, welche die Holzsubstanz nur wenig schädigen und einfach zu bekämpfen sind. Von Insekten befallene Hölzer können ohne Holzschutzmittel mit Hitze behandelt werden, was in der Schweiz bisher aber noch selten gemacht wird.

Für Fälle, in denen ein Pestizideinsatz unumgänglich ist, führt der Fledermausschutz eine Holzschutzmittelliste. Auf dieser Liste werden Produkte geführt, die unter bestimmten Bedingungen auch an Orten mit Fledermausquartieren eingesetzt werden können. Die aktuelle Liste findet sich auf den Webseiten des Fledermausschutzes. Bei allen Holzschutzmitteln gilt, dass sie nur bei Abwesenheit der Fledermäuse eingesetzt werden dürfen.

Abdichtungen

An Neubauten oder bei Renovierungen wird heute versucht, jede Ritze und Spalte abzudichten. Dabei geht es oft nicht um sinnvolle Maßnahmen zur energetischen Optimierung der Gebäudehülle, sondern darum, Insekten fernzuhalten, insbesondere Holz fressende. So werden beispielsweise standardmäßig Drahtgitter am Abschluss zwischen Dach und Unterdach angebracht mit dem Ziel, Vögeln, Insekten oder Spinnen den Zugang zu verwehren. Die Gitter verhindern zwar, dass Fledermäuse oder Vögel Zugang zum Zwischendach haben, jedoch nützen sie nichts gegen Holzschädlinge: Die häufigsten Schädlinge sind so klein, dass sie problemlos durch die Maschen kommen. Und auch die Wespen, welche vielen Hauseigentümerinnen und -eigentümern ein Graus sind, finden oft trotzdem ein Schlupfloch.

Auch beim Anbringen von Außenisolationen können Fledermausquartiere verschlossen werden. Werden in einer solchen Situation als Kompensationsmaßnahme Fledermauskästen in unmittelbarer Nähe zum ursprünglichen Quartier aufgehängt, stehen die Besiedlungschancen gut.

Maßnahmen

Bei Neu- und Umbauten soll auf das Verschließen möglicher Einflugöffnungen verzichtet werden. Das schont auch das Baubudget.

Fledermausquartiere an Gebäuden dürfen nicht zerstört werden. Besteht Kenntnis oder Verdacht, dass Fledermäuse ein Quartier am Haus haben, dürfen die Ein- und Ausflugöffnungen nicht abgedichtet werden. Bei Unsicherheiten muss eine Fledermausschutz-Fachperson hinzugezogen werden.

An bereits vergitterten Zwischendächern können die Gitter zumindest stellenweise wieder entfernt werden, um Fledermäusen den Zugang zu ermöglichen.

Verzichtet man beim Hausbau auf solche Gitter und lässt die entsprechenden Spalten offen, ergeben sich für Fledermäuse mitunter wertvolle Quartiere. Oft insistieren Architekten zugunsten eines größeren Umsatzes auf solche kleinen Zusatzelemente.

Beleuchtungen

Die Beleuchtung der Ein- und Ausflugöffnungen von Quartieren kann dazu führen, dass Fledermäuse verspätet oder gar nicht mehr ausfliegen und das Quartier schlussendlich aufgeben müssen. Selbst die Beleuchtung der weiteren Umgebung führt dazu, dass die meisten Fledermausarten diesen Bereich meiden und somit Lebensraum verloren geht. Wird ein Flugkorridor beleuchtet, kann auch das indirekt dazu führen, dass das Fledermausquartier aufgegeben werden muss. Beleuchtungen von Gebäuden sind in aller Regel unnötig und werden zunehmend als Lichtverschmutzung wahrgenommen, die nicht nur Fledermäuse beeinträchtigt, sondern auch die weitere Fauna und Flora. Im Kapitel «Lichtverschmutzung» wird ausführlich auf die Problematik eingegangen.

Maßnahmen

Auf unnötige Beleuchtungen von Gebäuden soll verzichtet werden. Auf keinen Fall darf die Ein- oder Ausflugöffnung beleuchtet werden.

Ist ein Beleuchtungsprojekt an einem Gebäude mit einem Fledermausquartier geplant, soll eine Fledermausschutz-Fachperson hinzugezogen werden, um die biologisch und juristisch korrekte Lösung in die Planung einzubringen.

Marder

Marder können in Fledermausquartiere, insbesondere in Dachböden, eindringen und Fledermäuse nachhaltig vertreiben. Der Einschub «Auf der Flucht vor dem Steinmarder» (S. 140) zeigt beispielhaft die Auswirkungen von Mardern auf Fledermausquartiere.

Maßnahmen

Fledermäuse, die Dachböden bewohnen, sind in der Schweiz selten und bedroht. Daher müssen wichtige Fledermausquartiere gegen das Eindringen von Mardern geschützt werden. Fledermausschutz-Fachpersonen evaluieren die Gefährdung vor Ort und leiten bei Bedarf entsprechende Maßnahmen ein.

Verlust von Fledermausquartieren an Brücken und anderen Infrastrukturbauten

Verschiedene Fledermausarten nutzen Dehnungsspalten oder Brückenhohlkörper als Quartiere. Brücken müssen jedoch regelmäßig saniert werden. Dabei können auch Fledermausquartiere zerstört werden.

Maßnahmen

Da es verboten ist, Fledermausquartiere zu zerstören, soll wie bei Renovierungen frühzeitig der Fledermausschutz kontaktiert werden, um den Quartierschutz zu gewährleisten. Im Kapitel «Infrastrukturbauten» wird genauer auf die Vorgehensweise und die Aufgaben des Fledermausschutzes diesbezüglich eingegangen.

Brücken bieten ausgezeichnete Gelegenheiten, um bei Sanierungen Fledermäuse zu fördern, indem Fledermauskästen aufgehängt werden.

Durch das Anbringen von Fledermauskästen kann der Verlust von Brückenspalten teilweise kompensiert werden. Wohl weil Kästen an Brücken oft in größerer Höhe und exponiert angebracht werden, weisen sie eine überdurchschnittlich hohe Besiedlungsrate auf.

Stößt man während einer Sanierung unerwartet auf Fledermäuse oder deren Hinterlassenschaften, sind die Arbeiten sofort einzustellen und ein Fledermausschutz-Nottelefon zu verständigen – siehe Kapitel «Tierschutz» (S. 27).

Verlust von Fledermausquartieren an Bäumen

Rund die Hälfte der einheimischen Fledermausarten nutzt Baumhöhlen als Verstecke oder zur Jungenaufzucht. Dafür eignen sich vor allem ehemalige Spechthöhlen. Aber auch Aufrisshöhlen, Fäulnishöhlen und teilweise abgelöste Baumrinde bieten wichtige Versteckmöglichkeiten. Doch solche Quartiere sind rar, denn Bäume werden meist schon gefällt, bevor Spechte ihre Höhlen zimmern und Fäulnishöhlen entstehen oder sich die Rinde absterbender Bäume zu lösen beginnt.

Noch vor 60 Jahren waren viele Dörfer der Schweiz umgeben von ausgedehnten Hochstammobstgärten. Wegen des regelmäßigen Rückschnitts und der dadurch verursachten Fäulnisherde verfügten die Obstbäume über zahlreiche Baumhöhlen, die eine Vielzahl an Quartieren für Fledermäuse und andere Tiere boten. Diese Obstgärten sind heute weitgehend aus unserem Landschaftsbild verschwunden, ihr Platz wurde von wachsenden Siedlungen oder Intensivlandwirtschaft eingenommen. Im Inneren von Dörfern und gar Städten standen bis vor wenigen Jahrzehnten große Bäume, wie Rosskastanien, Linden oder Platanen. Auch sie boten viele Versteckmöglichkeiten. Aus Gründen der Sicherheit oder weil sie an übermäßigem Streusalz-Einsatz zugrunde gingen, wurden mittlerweile viele von diesen oft sehr alten Bäumen teilweise ersatzlos gefällt. Mancherorts wurden zwar wieder Jungbäume gepflanzt. Bis diese aber den ökologischen Wert ihrer Vorgänger erreichen, vergehen viele Jahrzehnte.

Große Einzelbäume wie diese Eiche findet man im Siedlungsraum nur noch selten.

Auch im Wald führen verschiedene Faktoren zu einer Abnahme der Quartierdichte und -vielfalt. So können Trockenheit und Hitze zu einer Schwächung oder gar dem Absterben alter, mächtiger Bäume führen. Diese sind dann deutlich anfälliger für Windwurf. Die Klimaerwärmung kann zwar kurzfristig zu einer Zunahme an Totholz und damit an Höhlenbäumen führen, mittelfristig aber fehlen dann diese Bäume. Kranke Bäume werden überdies auch häufiger gefällt; einerseits, wenn sie ein mögliches Sicherheitsrisiko darstellen, andererseits, um die Ausbreitung von holzfressenden Insekten zu minimieren. Junge Bäume mit Aufrisshöhlen werden ausgeforstet, da sie holzwirtschaftlich uninteressant sind.

Zunehmende Hitze und Trockenheit führen zum vermehrten Absterben älterer Bäume. Obwohl sich dadurch das Quartierangebot kurzfristig verbessern kann, stellt diese Entwicklung längerfristig ein Problem dar.

Maßnahmen

Um Fledermäusen Quartiere in Hochstammobstbäumen anbieten zu können, müssen bestehende Hochstammobstgärten erhalten und neue angelegt werden. Hier bieten sich Kooperationen zwischen Naturschutzvereinen und Obstbauern an, beispielsweise für Pflanzaktionen oder Pflegeeinsätze. Als Konsument kann man mit dem vermehrten Kauf von biologischen Hochstammobstprodukten dafür sorgen, dass dieser Landwirtschaftszweig auch ökonomisch wieder interessanter wird. Das Pflanzen von Bäumen ist eine langfristige Maßnahme und muss auch als solche geplant und kommuniziert werden, denn es vergehen Jahrzehnte, bis Bäume geeignete Baumhöhlenquartiere für Fledermäuse bieten.

Sämtliche Maßnahmen im Wald müssen in Absprache mit dem zuständigen Forstamt und den Waldbesitzerinnen und -besitzern umgesetzt werden. Eine nachhaltige Waldnutzung und die Förderung von Waldfledermäusen sind oft kein Widerspruch.

Damit es im Wald ein ausreichendes Quartierangebot für Fledermäuse gibt, braucht es mindestens fünf Spechthöhlenbäume sowie fünf Totholzbäume pro Hektar Wald. Traditionelle Waldbauformen, welche alte Bäume mit Baumhöhlen erhalten, beispielsweise Mittelwald oder Kastanienselven, sollen erhalten und gefördert werden.

Aber auch als Nicht-Waldbesitzerin oder -besitzer und Nicht-Forstfachperson kann man eine naturnahe Waldbewirtschaftung fördern, etwa indem man FSC-Holz aus heimischer Produktion kauft oder indem man das Gespräch mit Försterinnen bzw. Förstern und Waldbesitzern sucht, um sie für die Anliegen des Fledermausschutzes zu sensibilisieren.

Eine sehr gute Möglichkeit zum Schutz von Fledermausquartieren im Wald bieten auch sogenannte Specht- oder Höhlenbaumaktionen, welche man mit Schulklassen, Naturschutz- oder Jagdvereinen oder auch bei Firmenausflügen durchführen kann. Dabei werden in einem vorgegebenen Gebiet möglichst alle Bäume mit Spechthöhlen gesucht und markiert. Je nach Kanton erhalten die Waldbesitzerinnen und -besitzer Finanzbeiträge für den Schutz dieser Biotopbäume, was sich positiv auf die Akzeptanz solcher Projekte auswirkt. Wichtig ist, dass derartige Aktionen ausschließlich in Absprache mit der Revierförsterei bzw. den Waldbesitzerinnen und -besitzern stattfinden.

Im Rahmen einer Höhlenbaumaktion markierte Eiche mit möglichen Fledermausquartieren

Als Übergangslösung kann im Wald mit Fledermauskästen das Quartierangebot verbessert werden. Nachhaltig ist jedoch nur die längerfristige Ausrichtung der Forstwirtschaft hin zu mehr Höhlenbäumen. Zudem müssen Fledermaus-Rundkästen, wie sie im Wald meist zum Einsatz kommen, mindestens einmal jährlich gereinigt werden – ein nicht zu unterschätzender Aufwand.

Die Montage und der Unterhalt von Fledermauskästen im Wald können recht aufwendig sein. Zudem eignet sich diese Maßnahme nur als Sofortmaßnahme, wenn gleichzeitig die Waldbewirtschaftung hin zu einem besseren Höhlenangebot umgestellt wird.

Das können Sie gegen Quartierverluste tun

- Verzichten Sie auf die heutzutage bei Neu- und Umbauten üblichen Abdichtungsmaßnahmen mittels Drahtgaze an Gebäudespalten. Wenn nötig, insistieren Sie beim Dachdecker. Spalten an Fassaden und Zwischendächern, welche bereits mit Gitter verschlossen wurden, lassen sich meist einfach wieder öffnen.
- Verzichten Sie auf den Ausbau von Dachböden, welche von Fledermäusen genutzt werden – es gibt heute schon fast keine solchen mehr. Ist der Ausbau dennoch unausweichlich, kontaktieren Sie rechtzeitig eine Fledermausschutz-Fachperson.
- Installieren Sie Fledermauskästen unterschiedlicher Bauart und Exposition an Ihrem Haus. So kann zumindest ein Teil des Quartierschwundes abgefedert werden.
- Nehmen Sie bei geplanten Sanierungen oder Umbauten an Gebäuden mit Fledermausquartieren rechtzeitig Kontakt mit einer Fledermausschutz-Fachperson auf. Meist lassen sich für alle Seiten befriedigende Lösungen finden.
- Lassen Sie alte, dicke Bäume nach Möglichkeit stehen – insbesondere, wenn sie bereits Höhlen aufweisen. Solche im Wald sind dabei genauso wichtig wie solche in Parks oder im Siedlungsraum.
- Lassen Sie Totholz stehen.
- Organisieren Sie Höhlenbaumaktionen in Zusammenarbeit mit Forst und Schulen oder Naturschutzorganisationen.

Fledermauskästen

Die meisten Fledermausarten nutzen immer wieder dieselben Quartiere. Bei Wochenstuben bestehen hier teilweise gar jahrzehntelange Traditionen. Aus diesen Gründen hat die Erhaltung bestehender Fledermausquartiere oberste Priorität.

Es scheint zunächst verlockend einfach, den stetigen Verlust an Quartiermöglichkeiten mit Fledermauskästen zu kompensieren. Das Angebot ist mittlerweile sehr vielfältig, es gibt Kästen in allen Größen, Materialien und Formen. Leider werden jedoch viele Fledermauskästen nie besiedelt. Auch wenn wir nicht hundertprozentig ausschließen können, dass der Grund hierfür in einem immer noch ausreichend großen Angebot an «natürlichen» Quartieren liegt, erscheinen andere Erklärungsansätze realistischer. Fledermäuse stellen hohe Ansprüche an ihre Quartiere. Ist ein Versteck zu kühl, zu heiß, zu stickig, zu windig, zu feucht, zu trocken, zu groß, zu klein oder zu hell, wird es nicht oder nur im Ausnahmefall genutzt. All diese Faktoren beim Bau und der Montage von einem Fledermauskasten zu berücksichtigen, ist selten möglich. Das Problem lässt sich am einfachsten lösen, indem in einem Gebiet möglichst viele verschiedene Kästen in unterschiedlicher Exposition und unterschiedlich starker Besonnung aufgehängt werden.

Fledermauskästen können grob in zwei Kategorien eingeteilt werden: Während Flachkästen enge Spalten an Felsen, Gebäuden oder Brücken imitieren und entsprechend hauptsächlich von spaltenbewohnenden Arten aufgesucht werden, imitieren Rundkästen Baumhöhlen, sind also entsprechend für Baumhöhlenbewohnerinnen konzipiert. Deshalb werden Flachkästen bevorzugt an Gebäuden montiert, Rundkästen meist im Wald oder in Obstgärten. Rundkästen müssen jedes Jahr gereinigt werden, bei Flachkästen fällt hingegen der Kot unten heraus. Dadurch sind sie wartungsfrei. Es kann jedoch unter Umständen stören, wenn der Gartentisch darunter steht. Fledermauskästen lassen sich gestalterisch und farblich so abstimmen, dass sie sich optisch in die Fassade integrieren. Als Flachkästen können auch spezielle Fertigelemente direkt in die Fassade eingebaut werden, sodass nur der Ausflugschlitz von außen sichtbar ist.

Bei der Montage sind einige grundlegende Vorgaben zu beachtet: Insbesondere im Siedlungsraum sollten Fledermauskästen so hoch wie möglich aufgehängt werden, mindestens aber drei Meter über dem Boden. Bei zu geringer Höhe steigt das Risiko, beim Ausflug Opfer einer Hauskatze zu werden. Kästen sollen immer so befestigt werden, dass sie nicht im Wind schaukeln können. Überdies sind Standorte zu wählen, die den Fledermäusen einen hindernisfreien Anflug ermöglichen. Hindernisse können beispielsweise Äste angrenzender Bäume sein. Zudem darf weder der Fledermauskasten noch seine direkte Umgebung nachts beleuchtet sein.

Die meisten im Handel erhältlichen Flachkästen aus Holz sind zu klein, was die Chancen einer Besiedlung stark reduziert. Die Front eines geeigneten Flachkastens sollte mindestens 50 × 50 cm messen, größer ist meist besser. Deutlich attraktiver wird ein solcher Kasten noch, wenn er über mehrere hintereinander angeordnete Kompartimente verfügt, zwischen denen die Tiere hin- und herwechseln können. So kann man einen Temperaturgradienten von zehn und mehr Grad Celsius und somit unterschiedliche Mikroklimata schaffen.

Weil Baumhöhlen vielerorts Mangelware sind, werden Fledermauskästen oft von anderen Tierarten wie Meisen, dem Siebenschläfer, Wespen oder Hornissen besiedelt. Da diese Arten ebenfalls wichtig für unsere Ökosysteme sind, lässt man sie in Ruhe und entfernt ihre Hinterlassenschaften erst bei der alljährlichen Reinigung im Winterhalbjahr (außer Winterschlafkästen), wenn sie wieder ausgezogen sind. Dem Besiedlungsdruck durch Meisen kann entgegengewirkt werden, indem man in der Nähe eines Fledermauskastens jeweils auch einen Meisennistkasten aufhängt.

Fledermauskästen lassen sich auch in die Gebäudefassade integrieren. Lediglich die Einflugöffnungen bleiben sichtbar.

Rundkästen werden vornehmlich von Baumhöhlen bewohnenden Fledermausarten aufgesucht.

Flachkästen sprechen vor allem Spaltenbewohnerinnen an, weshalb sie meist an Gebäuden aufgehängt werden.

Verlust von Jagdlebensräumen

Weil Fledermäuse klein sind, haben sie im Verhältnis zu ihrem Volumen eine sehr große Körperoberfläche, über welche viel Wärme in die Umgebung abstrahlt. Aus diesem Grund sowie auch wegen ihrer fliegenden Lebensweise haben Fledermäuse einen äußerst hohen Energiebedarf: Sie können pro Nacht bis zur Hälfte ihres eigenen Körpergewichts an Nahrung aufnehmen. Das bedeutet, dass beispielsweise eine tausendköpfige Mausohrkolonie pro Nacht bis zu 20 Kilogramm Insekten benötigt. Damit die Kolonie genügend Nahrung findet, müssen drei Voraussetzungen erfüllt sein:

- Beutetiere müssen in ausreichender Anzahl vorkommen.
- Das Beuteangebot muss konstant vorhanden sein, was durch die Artenvielfalt der Beutetiere gewährleistet werden muss. Viele Insektenarten sind nur während weniger Wochen oder gar Tagen flugfähig und damit für Fledermäuse als Nahrungsquelle verfügbar. Nur bei einer großen Artenvielfalt ist deshalb gewährleistet, dass die Fledermäuse immer etwas zu fressen finden.
- Die Beutetiere müssen in einem Lebensraum vorkommen, in welchem sie für die Fledermäuse zugänglich sind. Im Laufe der Evolution haben sich unterschiedliche Fledermausarten teilweise ganz spezifische Jagdlebensräume und -strategien erschlossen. Für sie kann eine Veränderung der Landschaft trotz gleichbleibendem Beuteangebot eine Verschlechterung der Nahrungsgrundlage bedeuten.

Neben der Ausräumung der Landschaft haben wir unsere Umwelt in vielerlei anderer Hinsicht verändert. Diese Veränderungen, ihre Folgen für Fledermäuse und welche Maßnahmen ergriffen werden können, werden hier aufgezeigt. Rund 75 Prozent weniger Insekten als vor 50 Jahren soll es heute geben, insbesondere in landwirtschaftlich genutzten Gebieten und in Gewässern. Wie sich diese Verluste auf Fledermausbestände auswirken, ist bisher nicht bekannt. Denn die wenigen Arten, bei welchen wir die Bestandszahlen kennen – wie Mausohren oder Hufeisennasen –, jagen im Wald, der nach bisherigen Kenntnissen weniger stark vom Insektenrückgang betroffen ist. Da ein Insektenrückgang aller Voraussicht nach mittelfristig Auswirkungen auf Fledermäuse haben muss, liegt in diesem Kapitel der Fokus auf den Maßnahmen zur Steigerung der Insektenvielfalt und Insektenbiomasse.

Gewässer

Ein beträchtlicher Anteil der einheimischen Insektenfauna lebt zwar ausgewachsen an Land, verbringt die Larvenzeit aber ausschließlich im Wasser. Die Ansprüche verschiedener Insekten an ihr Larvengewässer in Bezug auf Sauerstoff- und Nährstoffgehalt, Temperatur, Volumen und Fließgeschwindigkeit unterscheiden sich von Art zu Art. Für Hochwasserschutz, Landnutzung oder Energiegewinnung begradigte und verbaute Fließgewässer stellen meist über weite Strecken monotone Lebensräume dar, in welchen sich nur eine geringe Anzahl Insektenarten entwickeln kann. Mit der Begradigung von

Fließgewässern geht auch ein Verlust von Lebensräumen in der Länge einher, ist doch eine gerade Linie von A nach B deutlich kürzer als eine mäandrierende.

Durch die Begradigung und Verbauung von Gewässern schrumpfen oftmals auch die Übergangsbereiche zwischen Wasser und Land, oft wurden auch Gehölze gerodet. Die Begradigung von Gewässern ermöglicht zudem eine Landnutzung in viel größerer Nähe zum Gewässer, was zu einem erhöhten Eintrag von Nährstoffen und Pestiziden in die Gewässer führt und die Insektenbiodiversität zusätzlich verringert. Vielerorts werden die gesetzlich geltenden Gewässerräume nicht eingehalten und Dünger, Gülle oder Pestizide näher am Gewässer ausgebracht als erlaubt.

Die Verbauung von Gewässern kann somit einen der ertragreichsten Fledermaus-Jagdlebensräume beeinträchtigen oder zerstören.

Der ökologische Wert derart verbauter Gewässer ist äußerst bescheiden.

Eine große Wirkung haben auch Drainagen – insbesondere auf landwirtschaftlich genutzten Flächen. Mit ihrer Hilfe wurden ausgedehnte Feuchtgebiete trockengelegt und urbar gemacht. Mit der Trockenlegung verschwanden viele Insekten und die Tiere, die sich von ihnen ernähren. Feuchtgebiete sind heute in der Schweiz selten und ganz überwiegend recht klein, in der Größenordnung von wenigen Quadratmetern bis wenigen Hektar Fläche.

Maßnahmen

Revitalisierung und Neuschaffung von Gewässern und Feuchtgebieten, Verminderung des Schadstoffeintrages: Wo immer möglich, sollen verrohrte (eingedolte) Bäche geöffnet und Uferverbauungen entfernt werden. Im Idealfall wird den Gewässern bei diesen Arbeiten mehr Platz eingestanden. Oft können auch unter beschränkten Platzverhältnissen, wie sie im Siedlungsraum teilweise vorliegen, Maßnahmen zur Förderung der Biodiversität ergriffen werden. Bei der Revitalisierung von Fließgewässern sollen Zonen mit unterschiedlichen Wassertiefen und Strömungsgeschwindigkeiten geschaffen werden, da dies fast automatisch eine Zunahme der Insektenvielfalt mit sich bringt. Wird Gewässern mehr Platz zugestanden, müssen häufig Bäume weichen. Dabei ist besonders wichtig, dass Höhlenbäume und alte Bäume, wann immer möglich, stehen bleiben. Nur so kann vermieden werden, dass für die Aufwertung eines Jagdlebensraumes Fledermausquartiere und bestehende Jagdlebensräume verloren gehen. Baumfällarbeiten dürfen nur außerhalb der Wochenstubenzeit, welche etwa von Mai bis August dauert, ausgeführt werden. Am besten erfolgen sie im Frühjahr oder Herbst, sodass allenfalls trotz aller Vorkehrungen anwesende Fledermäuse fliehen können.

Auch auf beengtem Raum können Fließgewässer revitalisiert werden.

Mit äußerst geringem Platz- und Zeitaufwand lassen sich Klein- und Kleinstgewässer auch im eigenen Garten schaffen, sei es als Folienteich oder mit einer vorgefertigten Kunststoffwanne. Ausreichend bepflanzt, bildet sich so schnell ein kleines Ökosystem, welches zahlreichen Insektenarten als Kinderstube dient.

Mit solchen Kleinstgewässern kann in jedem Garten eine Oase der Biodiversität geschaffen werden.

Müssen auf Landwirtschaftsflächen Drainagen erneuert werden, soll geprüft werden, ob der Standort nicht wieder vernässt werden kann.

Verarmung von Gärten und öffentlichen Flächen

Über Jahrhunderte bot die Umgebung menschlicher Behausungen ausgezeichnete Lebensräume für Fledermäuse. Die vielfältige Landschaft aus verstreuten Häusern, riesigen Hochstammobstgärten, extensiven Wiesen, langen, verzahnten Waldrändern und ausgedehnten Hecken bot vielen verschiedenen Fledermausarten ausgezeichnete Jagdbedingungen. Hinzu kam das stets präsente Vieh, welches ebenfalls zur Fülle an Insekten beitrug.

Dieses Bild hat sich in den letzten 70 Jahren drastisch verändert. Von den ursprünglich schätzungsweise 20 Millionen Hochstammobstbäumen in der Schweiz sind fast 90 Prozent verschwunden, meist stehen nur noch Einzelbäume, verteilt über weite Flächen und umgeben von intensiver Landwirtschaft ohne strukturelle Anbindung an den Wald oder den Siedlungsraum. Kleinbäuerliche Betriebe und ihr Vieh sind fast gänzlich aus dem Siedlungsraum verschwunden. Dörfer und Städte wurden größer, dichter bebaut und heller ausgeleuchtet. Und die Gärten verloren ihre Bedeutung als artenreiche Produktionsflächen für die Selbstversorgung.

Das Verschwinden der Hochstammobstbäume konnte zwar in der Zwischenzeit gestoppt werden, und gegenwärtig nimmt ihre Anzahl gar wieder leicht zu. Ihre vormalige Ausdehnung dürfte aber nie mehr erreicht werden.

Von vielen ehemals ausgedehnten Hochstamm-Obstgärten sind nur noch einzelne, weit verstreute Bäume übrig geblieben.

Die Privatgärten haben sich ebenfalls stark verändert. Bis zur Mitte des letzten Jahrhunderts dienten sie vor allem der Selbstversorgung – es wurden standortangepasstes Obst, Gemüse oder verschiedene Sträucher in großer Vielfalt kultiviert. Mit steigendem Wohlstand und erhöhter Ernährungssicherheit in der Nachkriegszeit wandelte sich der Garten vom Produktions- zum Repräsentationsobjekt; ein akkurat gepflegter Rasen wurde zum Wahrzeichen des neuen Mittelstandes. Diese Veränderung wirkte sich auch auf die Zusammensetzung der Pflanzengesellschaften in den Gärten aus. Obstbäume und Beerensträucher wichen exotischen Ziergewächsen, aus artenreichen Blühstreifen wurden Rasen-Monokulturen. Derlei Lebensräume sind für die Biodiversität größtenteils wertlos. Viele Zierpflanzen produzieren weder Nektar noch Früchte, ihre Blätter können von keinem Insekt als Nahrung genutzt werden. Dasselbe gilt für Rasen-Monokulturen; durch das häufige Mähen bieten diese zudem nicht einmal mehr Deckung. Um den Pflegeaufwand zu minimieren, werden seit einigen Jahren zunehmend Stein- und Schottergärten erstellt – mittlerweile landläufig auch bekannt als «Gärten des Grauens». Durch die Sonneneinstrahlung heizen sich die Steine oft so stark auf, dass nicht einmal an vergleichbare natürliche Extremstandorte angepasste Arten in dieser lebensfeindlichen Umgebung überleben können.

Durch solche Schottergärten werden potenzielle Lebensräume von zahlreichen Tier- und Pflanzenarten in eine lebensfeindliche Einöde verwandelt.

In der Schweiz stehen rund eine Million Einfamilienhäuser, jedes davon auf einer Parzelle von durchschnittlich 330 Quadratmetern. Großzügig geschätzt, sind davon 100 Quadratmeter vom Haus belegt. Würden die verbleibenden 200 Quadratmeter Gartenfläche biodiversitätsfreundlicher gestaltet, ergäben sich auf einen Schlag 200 Quadratkilometer zusätzlicher Lebensraum für die einheimische Tier- und Pflanzenwelt – Firmengelände und Mehrfamilienhäuser noch nicht mitberücksichtigt. Das Potenzial ist also riesig – nur leider tun sich nach wie vor viele Menschen schwer mit dem Gedanken, den eigenen Garten zumindest teilweise der Natur zu überlassen. Zu tief steckt der Wunsch nach einem akkurat gepflegten, von exotischen Sträuchern umgebenen Rasen in unserer kulturellen DNA.

Auch im öffentlichen Bereich entwickelten sich viele ehemalige Jagdlebensräume zu Ungunsten der Fledermäuse. Um Arbeitszeit zu sparen oder aus Sicherheitsgründen (oder dem einen als Legitimation für das andere) werden vielerorts auf Friedhöfen, Schulgeländen, in Parks und Alleen alte, ausladende Bäume gefällt. Im besten Fall werden sie durch junge ersetzt, welche dann allerdings 50 bis 100 Jahre brauchen, bis sie wieder einen vergleichbaren Lebensraum bieten.

Bis dieser frisch gepflanzte Jungbaum groß genug ist, um Fledermäusen Jagdlebensraum zu bieten, vergehen mehrere Jahrzehnte.

Auf die Lichtverschmutzung, welche ebenfalls zu einer Verarmung und Verkleinerung von Jagdlebensräumen führt, wird in einem separaten Kapitel eingegangen.

Maßnahmen

So schnell viele Gärten und öffentliche Flächen in den letzten Jahrzehnten ihren Wert für die Biodiversität verloren haben, so schnell ließe sich dieser wiederherstellen. Hier kann bereits mit wenig Aufwand und auf kleinen Flächen Großes erreicht werden, wenn nur ausreichend Personen mitmachen. Naturnahe Elemente lassen sich auch in einem gepflegten Garten unterbringen, Artenvielfalt und Ästhetik sind kein Widerspruch. Auch muss nicht zwingend gleich der ganze Garten umgestaltet werden: Bereits auf wenigen Quadratmetern lässt sich Gutes tun – vorausgesetzt, man verzichtet in deren Umgebung auf den Einsatz von Pestiziden.

Dieser Garten bietet zahlreichen Insektenarten Lebensraum und Nahrung.

Was im Privatgarten geht, ist auch auf öffentlichen Flächen wie Friedhöfen oder in Parks möglich. Mit einer biodiversitätsfreundlichen Bewirtschaftung ihrer Grünflächen können Gemeinden und Städte Vorreiterrollen übernehmen und dazu beitragen, die Hemmschwellen der Einwohnerinnen und Einwohner zu senken. Wichtig ist dabei aber, dass solche Flächen nicht einfach «verwildern», sonst bewirken sie schnell das Gegenteil.

Als Maßnahmen zur Förderung der Insektenvielfalt und damit auch der Fledermausaktivität im Garten und auf öffentlichen Flächen bieten sich folgende Maßnahmen an:

Pflanzen einheimischer Bäume, Sträucher und Blumen: Eine möglichst große Vielfalt an einheimischen Pflanzen im eigenen Garten ist der beste Garant für eine große Insektenvielfalt. Diese Pflanzenvielfalt kann schrittweise entstehen, zum Beispiel wenn ein Baum oder Strauch im Garten ersetzt werden muss oder auch komplett bei einer Gartenneugestaltung. Viele Gärtnerinnen und Gärtner sind für das Thema Biodiversität noch zu wenig sensibilisiert. Es ist deshalb wichtig, für die Gestaltung des eigenen Gartens entweder eine ausgewiesene «Naturgärtnerin» bzw. einen ausgewiesenen «Naturgärtner» zu engagieren oder aber der Auftragnehmerin oder dem Auftragnehmer klar die eigenen Vorstellungen zu kommunizieren.

Bäume, die sich als besonders wertvoll für die Biodiversität erweisen, sind einheimische Eichen- und Weidenarten. Auf ihnen können je nach Standort und Alter des Baumes mehrere Hundert Insektenarten vorkommen. Eichen sind zudem vergleichsweise robust gegenüber hohen Temperaturen und Trockenheit – also perfekt gewappnet für das, was mit dem Klimawandel auf uns zukommt. Wer Blüten und Zierfrüchte liebt, ist beispielsweise mit Vogelbeeren oder Gewöhnlichen Traubenkirschen gut beraten.

Weiden bieten für viele Insekten eine Nahrungsgrundlage und finden auch in einem kleineren Garten Platz.

Auch bei den Sträuchern gibt es zahlreiche einheimische Arten, die optisch sehr attraktiv sind. Dazu gehören Wildrosen, Schwarzer oder Roter Holunder, Liguster, Pfaffenhütchen, Rote Heckenkirsche, Felsenbirne oder Gemeiner Schneeball (nicht zu verwechseln mit dem Runzelblättrigen Schneeball, der ein invasiver Neophyt ist).

Schier unüberschaubar groß ist die Vielfalt bei den einheimischen Blumen. Zahlreiche Gärtnereien haben sich mittlerweile auf die Produktion und den Vertrieb ebendieser spezialisiert und bieten meist auch Beratungen an. Einheimische Blumen werten einen Garten nicht nur ökologisch auf. Durch eine standortangepasste Bepflanzung reduziert sich auch der Pflegeaufwand, beispielsweise fürs Gießen oder Mähen.

Altgras und Totholz stehen lassen: Insekten brauchen nicht nur Futter, sie brauchen auch Rückzugsmöglichkeiten. Eine besondere Bedeutung kommt hierbei altem, hohem Gras zu. Wird eine Rasenfläche konstant und flächig sehr kurz gehalten, ist sie für die Biodiversität ähnlich wertlos wie ein Schottergarten. Haben Insekten aber einen Rückzugsort, lässt sich sogar der Wert eines ansonsten einförmigen Rasens steigern. Durch Altgras werden solche Rückzugsorte geschaffen. Beim Mähen wird jeweils nicht die ganze Fläche geschnitten, sondern einzelne Flächen oder Streifen bleiben stehen. Diese verbleiben während eines ganzen Jahres, können aber von Jahr zu Jahr woanders angelegt werden. Idealerweise lässt man sie zwei Jahre stehen und hat mehrere, die jeweils um ein Jahr versetzt geschnitten werden. So bleibt immer eine Fläche stehen, auch im Winter. Durch gezielte Auswahl von Form und Standort lassen sich Altgrasflächen auch in einen Designergarten integrieren.

Auch Totholz lässt sich im Garten in Szene setzen: Beim Anordnen von Holzstücken unterschiedlicher Länge und Dicke sind der Kreativität kaum Grenzen gesetzt. Totholz kann stehend oder liegend angebracht werden; stehend verrottet es normalerweise langsamer und bildet dadurch mehr verschiedene Mikroklimata. Es ist die Nahrungsgrundlage zahlreicher Käferarten. Wie bei den lebenden Bäumen haben auch hier Weiden- und Eichenholz das größte Potenzial.

Stehendes und liegendes Totholz unterschiedlicher Baumarten und Zersetzungsstadien bietet zahlreichen Insektenarten Lebensraum und Nahrung.

Anlegen von Ruderalflächen: Ruderalflächen sind steinige, humusarme Flächen, wie man sie häufig an Wegrändern oder in Kiesgruben findet. Solche Standorte bieten einer Vielzahl von Pflanzen Lebensraum, wobei die Artenzusammensetzung je nach Exposition, Klima, Nährstoffgehalt und Sukzessionsstadium variiert. Ruderalstandorte benötigen nur wenig Pflege und eignen sich deshalb auch für Personen, die ihre Wochenenden lieber nicht mit Gartenarbeit verbringen. Die Größe einer solchen Fläche kann den lokalen Gegebenheiten angepasst werden. Am besten sind Flächen von zwei Quadratmetern und mehr – je kleiner die Fläche, desto stärker der Nährstoffeintrag von außen, desto schneller die Sukzession und desto größer der Pflegeaufwand. Pflanzen auf Ruderalstandorten wurzeln tiefer und benötigen infolgedessen auch bei Trockenheit nur wenig Wasser.

Zum Anlegen eines Ruderalstandortes trägt man den Humus ab und ersetzt diesen durch ungereinigten Kies oder Sand. Darauf gibt man Saatgut von an solche nährstoffarme Standorte angepassten Pflanzen. Zahlreiche Gärtnereien und Onlineshops bieten mittlerweile entsprechende Ruderal-Samenmischungen an, die idealerweise aus der Region stammen.

Ein Ruderalstandort muss nicht zwingend flach und ebenerdig sein: Möglich ist auch die Aufschüttung von Kieshaufen. Diese müssen im Durchmesser aber so groß sein, dass auf einem Großteil der Ausdehnung die Schichtdicke von rund 80 cm gewährleistet ist. Alternativ kann auch eine teilweise oder vollständige Umrandung aus größeren Steinen angebracht werden, um den Rand des Haufens am Abrutschen zu hindern.

Als einzige Pflegemaßnahme für Ruderalstandorte sei die konsequente Entfernung invasiver Neophyten genannt. Dabei handelt es sich um eingeschleppte Pflanzen mit starkem Ausbreitungspotenzial, wie Kanadische Goldrute, Berufskraut, Schmalblättriges Greiskraut oder Sommerflieder. Lässt man solche Pflanzen gedeihen, kann ein Ruderalstandort plötzlich mehr Schaden anrichten, als er nützt. Weitere Infos zum Umgang mit invasiven Neophyten bieten unter anderem Gemeinde- und Stadtverwaltungen.

Begrünung von Flachdächern: Flachdächer von Häusern bieten ein großes Potenzial für die Biodiversität, wenn sie entsprechend präpariert werden. Hergerichtet als Ruderalstandort oder Magerwiese, bieten sie nicht nur Lebensraum für zahlreiche Pflanzen- und Insektenarten – sie können auch helfen, das Gebäude zu isolieren oder gar zu kühlen. Im Prinzip gelten diesbezüglich dieselben Überlegungen wie unter «Pflanzen einheimischer Bäume, Sträucher und Blumen» und «Anlegen von Ruderalflächen» dargelegt.

Weil Humus oder Kies ein beachtliches Eigengewicht haben, ist es ratsam, sich vor dem Anlegen der erwähnten Strukturen beim Architekten abzusichern, dass das Dach die Last auch tragen kann.

Ruderalflächen können sich bereits ab wenigen Quadratmetern Fläche positiv auf die Biodiversität im Garten auswirken.

Mit einheimischen Pflanzen begrünte Flachdächer bieten nicht nur zahlreichen Insektenarten Lebensraum, sie verbessern auch merklich das Raumklima im Gebäude darunter.

Wald

Fast alle Fledermausarten der Schweiz nutzen den Wald als Jagdlebensraum. So vielfältig wie die Fledermäuse selbst, so unterschiedlich ist aber auch die Weise, wie sie den Wald nutzen.

Während Arten der halboffenen Lebensräume vor allem in Grenzbereichen – über den Baumkronen, an den Waldrändern oder entlang von Waldwegen – jagen, stellen andere auch im Waldesinneren ihrer Beute nach. Hier bevorzugen manche Arten möglichst ausgedehnte Baumkronen, andere brauchen zwingend freien Flugraum und guten Bodenzugang. Zudem sind unsere einheimischen Fledermausarten unterschiedlich stark spezialisiert. Während manche fast überall nach Nahrung suchen können, sind andere auf ganz spezifische Jagdlebensräume angewiesen. Bei strikt waldbewohnenden Arten – also solchen, die den Wald nicht nur zur Jagd aufsuchen, sondern ihn auch tagsüber nicht verlassen – befinden sich wegen ihrer kleinen Aktionsradien Quartier- und Jagdlebensraum in derselben Umgebung.

Die teilweise stark unterschiedlichen Ansprüche verschiedener Arten an den Wald haben zur Folge, dass im Wald eine Verbesserung als Jagdlebensraum für die eine Art eine Verschlechterung für eine andere bedeuten kann. Da dem Wald für die stärker spezialisierten und dadurch generell selteneren Arten eine deutlich größere Bedeutung zukommt als für die häufigeren Generalisten, widmet sich der folgende Abschnitt hauptsächlich Ersteren.

Der Wert eines Waldes als Fledermauslebensraum steigt mit dem Alter seiner Bäume. Forstliche Eingriffe, bei welchen zu viel Altholz entnommen wird, können deshalb einen

Wald für viele Jahrzehnte als Fledermauslebensraum entwerten. In einem wirtschaftlich orientierten Waldbau werden Bäume meist dann gefällt, wenn sie sich in der forstwirtschaftlich definierten Optimalphase befinden. Zu diesem Zeitpunkt beginnen die Bäume gerade erst, für die Biodiversität wichtige Strukturen wie Höhlen zu bilden – die Optimalphase aus Naturschutzsicht wird also gar nie erreicht.

Sukzessionsstadien eines Waldes. Während in einem Wirtschaftswald ausschließlich Bestände bis zur Optimalphase (100 bis 250 Jahre) vorkommen, machen dieselben Stadien in einem Naturwald lediglich etwa ein Drittel aus. Dieses künstliche «Junghalten» des Waldes schlägt sich in einer Armut struktureller Vielfalt nieder, entstehen doch die meisten Baumhöhlen erst ab der Plenterphase (250 bis 400 Jahre).

Aus Sicht des Fledermausschutzes ist auch der aktuelle Trend zur kleinflächigeren Waldbewirtschaftung oder linearen Holzschlägen für bestimmte, spezialisierte Fledermausarten ungünstig. Während nämlich vielfältige, strukturreiche Waldränder eine Verbesserung des Jagdlebensraumes für anpassungsfähige Arten bedeuten, sind manche stärker spezialisierten Arten auf großflächigere Hallenwälder angewiesen.

Das Große Mausohr zum Beispiel ernährt sich hauptsächlich von Laufkäfern, welche es im bodennahen Flug aufspürt. Für diese Jagdtechnik ist es auf Wälder mit möglichst schütterer oder fehlender Strauch- und Krautschicht angewiesen – im Dickicht sind die Käfer unerreichbar. Traditionell fanden sich solche Bedingungen in unterwuchsfreien Buchen-Hallenwäldern des Schweizer Mittellandes und des Jura, wie sie heute kaum mehr vorkommen, sowie in den Mischwäldern der Voralpen.

Neben der veränderten Forstwirtschaft tragen auch Ammoniakemissionen, vor allem aus der Landwirtschaft, zum Verlust von Hallenwäldern bei. Diese nahmen bis in die Neunzigerjahre des letzten Jahrhunderts stark zu und stagnieren seither auf hohem Niveau. Ammoniak führt zu verstärktem Triebwachstum vieler Baumarten auch bei schlechten Lichtverhältnissen. So nimmt der Unterwuchs wegen der Stickstoffeinträge zu.

Der Stickstoffeintrag bewirkt auch, dass Bäume weniger tief wurzeln, was im Zusammenhang mit der Klimaveränderung Folgen hat: Bei Trockenheit haben die flacheren Wurzeln schneller keinen Wasserzugang mehr. Das bedeutet Stress: Sie haben weniger Laub, werden häufiger krank und können absterben. Dieser Trockenstress verstärkt sich noch mit abnehmender Baumkronendichte und führt letztlich zum Verlust der für alte

Buchenwälder typischen Hallenwaldstruktur. Und wegen der flacheren Wurzelteller können die Bäume bei Sturm leichter entwurzelt werden.

Das Große Mausohr kann zwar auch außerhalb des Waldes in ausreichend nachtdunklen Gebieten mit freiem Bodenzugang jagen, findet dort jedoch aufgrund unserer intensiven Landwirtschaft kaum noch Nahrung.

Maßnahmen

Fledermausfreundliche Waldbewirtschaftung: Die Erwartungen an den Waldbau aus wirtschaftlicher, ökologischer und auch gesellschaftlicher Warte sind sehr vielfältig. Im Folgenden wird aufgezeigt, wie fledermausfreundlicher Waldbau auszusehen hätte. Grundsätzlich findet man die größte Diversität an Fledermausarten sowie auch die höchste Individuendichte in parkähnlichen Wäldern mit alten einheimischen Bäumen und einem reichen Baumhöhlenangebot. Wegen der unterschiedlichen Lebensraumansprüche der verschiedenen Fledermausarten kann es aber zu Zielkonflikten hinsichtlich der idealen Waldbewirtschaftung kommen. Für standortangepasste Maßnahmen ist deshalb immer auf die lokale Fledermausfauna Rücksicht zu nehmen und entsprechend eine Fledermausschutz-Fachperson hinzuzuziehen.

Eine der effektivsten Maßnahmen, um Fledermäuse im Wald zu schützen und zu fördern, ist die Erhöhung der Umtriebszeit, also der Zeit, die vergeht, bis ein Baum gefällt wird. Dadurch wird der Wald reicher an Alt- und Totholz, Höhlen und anderen Strukturen. Dies bedeutet zwar gewisse Ertragseinbußen für die Forstwirtschaft. In einer Zeit, in der Waldbau aber kaum mehr gewinnbringend, sondern im besten Fall noch kostendeckend ist und Biotopschutz oft gar eine finanziell attraktivere Variante zur herkömmlichen Nutzung darstellt, sollte dies jedoch keine Rolle spielen.

Je älter die Bäume eines Waldes, desto wertvoller der Wald für Fledermäuse.

Waldzusammensetzung: Generell scheinen Fledermäuse keine besonderen Ansprüche an die Waldzusammensetzung zu stellen. Viel wichtiger sind die Waldstruktur und das lokale Klima. So dürfte beispielsweise das gehäufte Auftreten von Bechsteinfledermäusen in Eichenwäldern mehr auf die ausladenden Kronen, die Verfügbarkeit von Baumhöhlen und das oft hohe Alter der Bäume sowie die wärmebegünstigten Standorte solcher Wälder zurückzuführen sein denn auf eine strikte Fixierung der Art auf Eichen. In Deutschland etwa findet man auch in uralten Buchenwäldern Bechsteinfledermäuse.

Kontrovers diskutiert wird das Thema gebietsfremder Pflanzungen, beispielsweise mit Douglasien. Einerseits spielt, wie erwähnt, die Struktur eines Waldes die größere Rolle als seine Artenzusammensetzung. Andererseits bieten gebietsfremde Arten ein gewisses Invasionspotenzial, welches wiederum die Artenvielfalt schmälern kann. Zudem beherbergen gebietsfremde Pflanzen deutlich weniger Insektenarten als einheimische. Aus diesen Gründen sind Aufforstungen mit einheimischen Arten zu bevorzugen.

Hallenwälder: Buchen-Hallenwälder bedeckten einst große Teile des Schweizer Mittellandes und des Jura. Mächtige Buchen und Eichen mit ausladenden Kronen bilden Räume vergleichbar mit Kathedralen: ein geschlossenes, dichtes Kronendach, darunter viel freier Flugraum und kaum Bodenvegetation. Ähnliche Strukturen bieten auch Ahorn-Schluchtwälder, Tannen-Fichtenwälder oder im Süden Kastanienwälder.

Die Hallenwald-Struktur beginnt sich nach etwa 50 Jahren zu bilden, voll ausgeprägt ist sie jedoch erst nach 100 bis 200 Jahren, mit zunehmendem Kronendurchmesser einzelner Bäume und damit einhergehender abnehmender Stammzahl. Bei Kastanien- und Eichenwäldern dauert derselbe Prozess oft weit über 200 Jahre.

Solche Hallenwälder bedeckten einst weite Teile des Mittellandes. Durch ihr schützendes Kronendach bei gleichzeitig viel freiem Flugraum bieten sie Lebensraum für zum Teil hoch spezialisierte Fledermausarten.

Hallenwälder bieten nicht nur Jagdlebensräume. Dank ihres fortgeschrittenen Alters verfügen sie auch über zahlreiche Höhlenquartiere.

Größere Hallenwälder sind insbesondere in den tieferen Lagen heute nur noch selten anzutreffen, Tendenz weiter abnehmend. Um diesen äußerst wichtigen Quartier- und Jagdlebensraum zu erhalten, sind gezielte forstliche Eingriffe nötig.

Als kurzfristige Maßnahme sollte je nach Produktivität des Standortes alle ein bis zwei Jahre die Kraut- und Strauchschicht mechanisch entfernt werden. Dabei darf verholztes Schnittgut nicht einfach verstreut liegen bleiben, sondern sollte zu Haufen zusammentragen oder entfernt werden. Diese Pflegemaßnahmen sind auch möglich mittels Stoßbeweidung nach dem Laubaustrieb, idealerweise mit Ziegen.

Langfristig können Hallenwälder durch Schonung des Altbestandes, Erhöhung der Umtriebszeit, großflächigere Ausrichtung der Forstwirtschaft und die im vorherigen Abschnitt genannten Pflegemaßnahmen gefördert werden.

Mittelwälder: Der Mittelwald ist eine alte Waldbewirtschaftungsform, bei welcher der Wald in zwei Schichten kultiviert wird. Die untere wird alle 30 Jahre geerntet und dient der Brennholzgewinnung, die obere, vornehmlich aus ausladenden Eichen bestehende bleibt 150 und mehr Jahre stehen und dient der Produktion von Bauholz. Aufgrund des hohen Eichenanteils wurden Mittelwälder zudem auch für die herbstliche Schweinemast mit Eicheln genutzt.

Herausragendes Merkmal von Mittelwäldern sind ihre oft mächtigen Eichen.

Mittelwälder bieten Lebensraum für verschiedenste seltene Tier- und Pflanzenarten, insbesondere, wenn sich in nächster Nähe zueinander Parzellen unterschiedlicher Sukzessionsstadien befinden. Für die Fledermäuse sind es auch hier vor allem die alten, ausladenden Eichen, welche wertvolle Lebensräume darstellen.

Wo noch vorhanden, sollten Mittelwälder deshalb unbedingt in ihre ursprüngliche Form zurückgebracht werden. Eine Neuanlage von Mittelwäldern ist zu prüfen, insbesondere auch im Hinblick auf den Klimawandel, mit welchem Eichen deutlich weniger Probleme haben dürften als andere einheimische Baumarten.

Wald- und Wytweiden, Hutewälder: Während Jahrhunderten trieb man Vieh zum Weiden in die Wälder, was zu offenen, lichtdurchlässigen Waldbeständen führte. Veränderte Haltungsformen von Nutztieren und das gewandelte Verständnis des Waldes als Produktionsstandort mit Schutzfunktion führten im letzten Jahrhundert zum sukzessiven Verschwinden dieser Bewirtschaftungsform. Noch in größerem Umfang anzutreffen ist sie lediglich auf den Schweizer Jurahöhen in Form von Wytweiden, welche je nach Baumdichte und Region dem Wald oder dem Weideland zugeordnet werden. In den letzten Jahren rückten Wald- und Wytweiden jedoch wieder vermehrt in den Fokus, vor allem im Rahmen von konkreten Naturschutzprojekten – bieten diese Bewirtschaftungsformen doch Lebensraum für zahlreiche seltene Tier- und Pflanzenarten, welche auf solche Zwischenstufen zwischen Wald und Offenland angewiesen sind. Auch verschiedene Fledermausarten bevorzugen als Jagdlebensraum halboffene Landschaften, welche zwar ausreichend Deckung und Beute, aber dennoch genügend freien Flugraum bieten. Zudem führt die Beweidung zu einer Erhöhung des Nahrungsangebots, insbesondere an Mist- und Dungkäfern sowie Fliegen.

Waldweiden bieten ein für viele Fledermausarten günstiges Verhältnis von Flugraum und Deckung.

Das Werkzeug der Waldweide sollte deshalb im Rahmen von ökologischen Aufwertungs- und Artenförderprojekten wieder vermehrt zum Einsatz kommen. Sie sind als landwirtschaftliche Biodiversitätsförderflächen beitragsberechtigt. Zu beachten ist dabei, dass Beweidungszeitpunkt und -dauer den vorkommenden Tier- und Pflanzenarten angepasst werden sollten.

Auenwälder: Auwälder stellen aus zweierlei Gründen einen ausgezeichneten Jagdlebensraum dar – einerseits durch ihre Nähe zum Wasser, andererseits durch ihren hohen Anteil an Weichhölzern wie Weiden, Eschen oder Erlen. Beides führt zu großen Insektenaufkommen. Deshalb zählen Auwälder für Fledermäuse in der Schweiz zu den artenreichsten Jagdlebensräumen. Im Kanton Tessin konnten in einem einzigen Auwaldstück

Einige der seltensten Fledermausarten der Schweiz bewohnen hauptsächlich Auwälder.

von wenigen Hektar Größe über 20 der 30 einheimischen Arten nachgewiesen werden. Von den ursprünglich vorhandenen Auen in der Schweiz existieren nur noch weniger als zehn Prozent in einer annähernd natürlichen Form. Und paradoxerweise stellt heute aus Sicht des Fledermausschutzes eine Entwicklung die größte Bedrohung für diesen Lebensraum dar, die ihn eigentlich aufwerten sollte: Revitalisierungen. Für die Widerherstellung dynamischer Prozesse wie Wasser- und Geschiebehaushalt müssen im Rahmen von Revitalisierungen vielerorts Bäume gefällt werden. Und auch wenn sich Weichholzauen innerhalb von 10 bis 20 Jahren regenerieren, kann die vorübergehende Degradierung dieser Wälder in Gebieten mit bereits stark eingeschränktem Quartierangebot zum Aussterben ganzer Fledermauspopulationen führen, insbesondere bei seltenen und stark spezialisierten Arten.

Aus diesem Grund ist vor Gewässerrevitalisierungen in Auwäldern immer eine Fledermausschutz-Fachperson hinzuzuziehen, welche den aktuellen Zustand und die geplanten Maßnahmen einordnen kann. Ist das Fällen potenzieller Höhlenbäume unumgänglich, sind die verlorenen Quartiere durch geeignete, sprich an den Standort und die betroffenen Fledermausarten angepasste Fledermauskästen zu ersetzen.

Waldränder: Waldränder können als Übergangsbereich zwischen Wald und Kulturland wertvolle Jagdlebensräume darstellen. Dies insbesondere, wenn sie reich an verschiedenen Pflanzenarten sind und nicht einfach eine gerade Linie bilden, sondern horizontal wie vertikal möglichst stark verzahnt sind und Wald und Kulturland fließend ineinander übergehen. Bestes Beispiel hierfür bieten die früher häufigen Hochstammobstgärten, welche sich oft am Waldrand befanden und so dessen Struktur auflösten.

Bei zahlreichen Fledermausarten beliebt sind auch überhängende Waldränder, beispielsweise herbeigeführt durch Unterweidung. Bereits in den frühen Abendstunden jagen sie hier, wenn es noch nicht dunkel genug ist, um sich vom Wald zu entfernen. Zahlreiche solcher überhängender Strukturen wurden in den letzten Jahrzehnten im Sinne einer ökologischen Aufwertung hin zu gestuften Waldrändern entfernt. Werden überhängende Waldränder zurückgesetzt, sollten aber zumindest markante Einzelbäume mit ausladenden Kronen stehen bleiben.

Markante Einzelbäume tragen wesentlich zur Strukturvielfalt eines Waldrandes bei.

Oft wird eine Sukzession der Waldränder angestrebt, wobei die Baumhöhe gegen das Waldesinnere nach und nach zunimmt. Bei Maßnahmen werden häufig alte Bäume am äußeren Waldrand entfernt, was für die Biodiversität ein großer Verlust ist und vermieden werden sollte.

Alt- und Totholz: Alt- und Totholz im Wald bietet Lebensraum für unzählige Holz bewohnende Insektenarten, aber auch Quartiere für Fledermäuse. Bei Totholz wird zwischen stehendem und liegendem unterschieden, wobei stehendes meist mehr unterschiedliche Zersetzungsstadien aufweist als liegendes und deshalb ökologisch wertvoller ist. Gegenwärtig geht man davon aus, dass im Wirtschaftswald bei 30 bis 50 Kubikmeter Totholz pro Hektar die meisten Arten überleben können, die auf Totholz angewiesen sind. Für verschiedene hoch spezialisierte Arten ist dieser Wert aber noch zu niedrig.

Für Altholzinseln und Waldreservate sind deshalb Werte zwischen 50 und 150 Kubikmetern pro Hektar anzustreben, wie sie sich auch in naturbelassenen Wäldern in Polen, der Ukraine oder Frankreich finden. Aktuell liegen die Werte im Schweizer Mittel bei knapp 20 Kubikmeter pro Hektar. Totholz kann entweder auf natürlichem Weg in einem relativ langsamen Prozess entstehen, es kann aber auch gezielt herbeigeführt werden. Dazu wird die Rinde ausgewählter Bäume auf einer Breite von mehreren Zentimetern rings um den Stamm komplett entfernt. Dadurch wird der Fluss von Wasser und Fotosyntheseprodukten zwischen Wurzeln und Krone unterbrochen, der Baum stirbt ab. Solche Ringelungen dürfen nur in Absprache mit Waldeigentümerinnen und -eigentümern und Forstamt durchgeführt werden und sind vor allem in Wäldern mit einer hohen Dichte an mittelalten Bäumen (30–50 cm Brusthöhendurchmesser) und einem Mangel an stehendem Totholz sinnvoll.

Das können Sie gegen den Verlust von Jagdlebensräumen tun

- Legen Sie in Ihrem Garten einen Teich oder Tümpel an. Selbst Kleingewässer können dazu beitragen, die Insektenbiodiversität zu erhöhen.
- Pflanzen Sie einheimische Pflanzen an.
- Schaffen Sie eine wilde Ecke in Ihrem Garten aus einheimischen Blütenpflanzen, von denen sich Insekten ernähren, die wiederum von Fledermäusen gefressen werden. Entsprechende Saatmischungen werden inzwischen vielfach angeboten.
- Schaffen Sie Verstecke und Überwinterungsplätze für Insekten, beispielsweise Stein- oder Asthaufen.
- Sind Ihnen verrohrte Bäche bekannt, fragen Sie bei den Behörden nach, ob diese nicht wieder revitalisiert werden könnten.
- Reden Sie mit den Bauern und Behörden Ihrer Gemeinde und motivieren Sie diese dazu, Hochstammobstbäume oder Hecken zu pflanzen.
- Gehen Sie auf Forstbeamtinnen und -beamte zu und machen Sie am besten direkt im Feld darauf aufmerksam, welche Bäume wichtig für die Biodiversität sein könnten.
- Verzichten Sie in Haus und Garten auf den Einsatz von Pestiziden – es gibt fast immer eine unschädliche Alternative. Müssen Sie dennoch Holzschutzmittel einsetzen, orientieren Sie sich an der Holzschutzmittelliste der *Schweizerischen Koordinationsstellen für Fledermausschutz*.
- Kaufen Sie bevorzugt Lebensmittel aus biologischem Anbau.
- Stellen Sie als Landwirtin oder Landwirt Ihren Betrieb auf biologische Produktion um.
- Verzichten Sie als Forstmitarbeiterin bzw. -mitarbeiter auf den Einsatz von Insektiziden an im Wald zwischengelagertem Rundholz. Falls dafür nötig, ändern Sie die gängige Praxis des Zwischenlagerns hin zu einem zügigeren Abtransport.

Lichtverschmutzung

Unter Lichtverschmutzung versteht man die negativen Auswirkungen absichtlicher oder unabsichtlicher künstlicher Beleuchtung auf unsere Umwelt. Pflanzen, Tiere oder auch wir Menschen werden durch Lichtverschmutzung beeinträchtigt. Lichtverschmutzung ist eine rechtlich anerkannte Form von Umweltverschmutzung, vergleichbar mit der Gewässer- oder Luftverschmutzung.

Viele hormonelle Funktionen von Lebewesen sind an den Tag-Nacht-Rhythmus und dessen jahreszeitliche Schwankungen gekoppelt. So werden zum Beispiel der Zug vieler Vogelarten, der Fortpflanzungszyklus und der Winterschlaf vieler Tierarten oder der Blattaustrieb bei Bäumen durch die Tageslichtlänge gesteuert. Wird diese künstlich verlängert, kann der Hormonhaushalt gestört werden, was zu Verhaltensveränderungen führt. Werden beispielsweise Menschen nachts blauem Licht ausgesetzt, führt dies zu einer Unterdrückung der Produktion des Hormons Melatonin, was Schlafstörungen zur Folge hat und eine ganze Kaskade von Folgeerkrankungen nach sich ziehen kann. Einen großen Einfluss auf das Verhalten von Wildtieren hat aber auch die direkte Vergrämung durch Licht. So produzieren beispielsweise nachtblühende Pflanzen an beleuchteten Standorten weniger Samen, da sie seltener von bestäubenden Nachtfaltern aufgesucht werden, zahlreiche Fischarten meiden beleuchtete Gewässerabschnitte und Rothirsche oder Waldschnepfen ganze Landschaften, wenn diese künstlich beleuchtet werden.

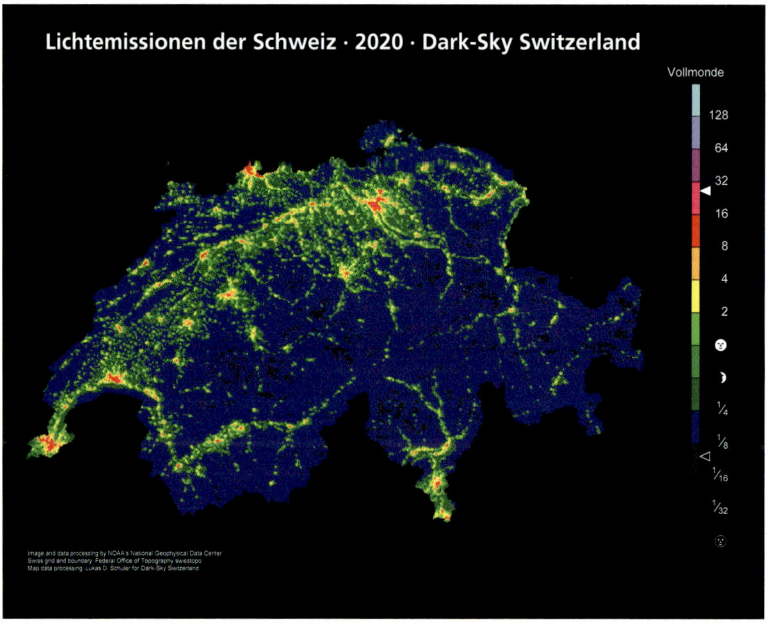

Lichtverschmutzung des Schweizer Nachthimmels im Jahr 2020. Größere, wenig belastete Gebiete gibt es nur noch im Alpenraum, komplette Dunkelheit gar nicht mehr.

Kunstlicht wird im Außenraum zu verschiedenen Zwecken eingesetzt: einerseits zu ästhetischen, beispielsweise bei der Beleuchtung von Gebäuden oder auch von Gartenpflanzen, andererseits aber auch zu Sicherheitszwecken. Während bei Fußgängerstreifen oder an Straßenkreuzungen künstliches Licht wesentlich zur Verkehrssicherheit beitragen kann, ist das durch Licht verursachte Sicherheitsgefühl der Menschen in vielen anderen Fällen nur subjektiv. Meist führt eine nächtliche Beleuchtung nämlich nicht zu einer erhöhten Sicherheit.

In der Schweiz gibt es mittlerweile keinen einzigen Ort mehr, der nachts nicht von Kunstlicht erhellt wird, nicht einmal in den entlegensten Alpenregionen. Im restlichen Mittel- und Westeuropa ist die Lage ähnlich. Die Lichtverschmutzung hat infolgedessen große Auswirkungen auf die europäische Fauna und Flora; sie ist auf einem für viele Wildtiere kaum mehr tolerierbaren Niveau angekommen.

Rechtslage: Als erstes Land der Welt verabschiedete Slowenien 2007 ein Gesetz, welches mit bestimmten Ausnahmen verbietet, dass Licht über den Horizont abstrahlt. In Frankreich gibt es seit 2018 eine Verordnung zur Verhütung, Reduktion und Begrenzung der Lichtverschmutzung. Das «Volksbegehren Artenvielfalt» in Bayern, welches eine Überarbeitung des Artenschutzgesetzes zum Ziel hatte und damit unter anderem eine Reduktion der Lichtverschmutzung bezwecken will, wurde Anfang 2019 von 1,8 Millionen oder mehr als 18 Prozent der Wahlberechtigten unterzeichnet und im Sommer desselben Jahres durch den Landtag als Gesetz verabschiedet.

In der Schweiz ist das Problem der Lichtverschmutzung zwar erkannt, rechtlich bindende Vorgaben spezifisch zur Lichtverschmutzung, beispielsweise in Form von Grenzwerten, fehlen aber bisher. Auf Gesetzesebene wird das Thema bisher nur am Rande erwähnt, zusammen mit anderer nichtionisierender Strahlung. In Artikel 11, Absatz 2 des Umweltschutzgesetzes ist Folgendes zu lesen: «Unabhängig von der bestehenden Umweltbelastung sind Emissionen im Rahmen der Vorsorge so weit zu begrenzen, als dies technisch und betrieblich möglich und wirtschaftlich tragbar ist.»

Die Lichtverschmutzung im Schweizer Mittelland hat für unzählige Organismen ein nicht mehr tragbares Maß erreicht.

Die Handlungssicherheit auf Umsetzungsebene dürfte sich durch die 2021 erschienene Vollzugshilfe «Empfehlungen zur Vermeidung von Lichtemissionen» deutlich verbessern.

Auf der Basis des vorhandenen Wissens über die schädlichen Auswirkungen von Lichtverschmutzung auf Wildtiere – insbesondere Fledermäuse – kann bereits heute trotz fehlender spezifischer Rechtsgrundlagen rechtlich gegen das Problem vorgegangen werden, da Lichtverschmutzung als Verstoß gegen das Umweltschutzgesetz betrachtet werden kann und demnach ein Offizialdelikt ist, das von Amts wegen verfolgt werden muss. Polizei und Amtspersonen müssen also auch anonymen Hinweisen nachgehen.

So entschied auch das Bundesgericht schon mehrfach für den Schutz der Dunkelheit, wenn es um das Abwägen zwischen persönlicher Entfaltungsfreiheit und Lichtverschmutzung ging. In mehreren Urteilen kam das höchste Schweizer Gericht zum Schluss, dass sich die Nachtruhe nicht nur auf Lärm-, sondern auch auf Lichtemissionen bezieht und diese deshalb ab 22 Uhr auf ein Minimum zu beschränken sind Es stützte sich dabei jeweils auf die Norm 491 des *Schweizerischen Ingenieur- und Architektenvereins* SIA.

Lichtverschmutzung und Fledermäuse

Fledermäuse können in fast allen Lebensbereichen von Lichtverschmutzung beeinträchtigt werden. Während einige weniger lichtscheue Fledermausarten bereits ab Sonnenuntergang zur Jagd ausfliegen, verlassen andere ihre Tagesquartiere erst, wenn es ganz dunkel ist. Insbesondere für diese Arten stellt die zunehmende Lichtverschmutzung ein ernst zu nehmendes Problem dar. Sie meiden nämlich nicht nur Tageslicht, sondern auch künstliche Nachtbeleuchtung. Dies bedeutet, dass mit jeder zusätzlichen Lichtquelle im Außenbereich Fledermauslebensraum verloren geht. Zwar mag das auf eine einzelne Lampe oder ein einzelnes beleuchtetes Haus bezogen nur unwesentlich erscheinen, in der Summe ergeben sich aber riesige Flächen, welche bereits jetzt für die Tiere nicht mehr oder nur noch eingeschränkt nutzbar sind. Zahlreiche Fledermauskolonien im Siedlungsraum zeigen kontinuierlich abnehmende Bestandstrends. Zusammen mit weiteren Ursachen dürften die Gründe hierfür auch bei der nächtlichen Beleuchtung der Quartierumgebung liegen.

Quartiere: Zahlreiche Fledermausarten sind Gebäudebewohnerinnen. Insbesondere historische Bauten und Kirchen, welche gerade auch für bedrohte Dachstockfledermäuse wie Mausohren oder Hufeisennasen Quartiere bieten, werden aber oft mit Lichtinstallationen in Szene gesetzt. Aus diesem Grund sind zahlreiche ehemalige Fledermausquartiere in den Dachböden solcher Gebäude mittlerweile verwaist. Wird nämlich die Ausflugöffnung einer Fledermauskolonie beleuchtet, hat dies zur Folge, dass die Fledermäuse deutlich später ausfliegen als bei dunkler Umgebung. Dadurch verringert sich ihr Jagderfolg, welcher normalerweise in den ersten Nachtstunden am größten ist. Und dies wiederum wirkt sich negativ auf den Erfolg in der Jungenaufzucht aus. In der Folge nimmt der Bestand der Kolonie nach und nach ab, bis er schließlich ganz erlischt. Ist die Störung durch Licht zu groß, kann es aber auch vorkommen, dass die Fledermäuse ihr Quartier sofort verlassen. Das Ergebnis ist in beiden Fällen dasselbe: Das Angebot an Quartieren schrumpft.

Schlechte Fassadenbeleuchtung zu rein ästhetischen Zwecken mit Licht von unten. Historische Gebäude wie dieses böten zwar eine große Vielfalt an möglichen Fledermausverstecken, sind aber leider besonders oft durch Lichtverschmutzung beeinträchtigt.

Jagdlebensräume: In Jagdlebensräumen kann Lichtverschmutzung in zweierlei Hinsicht stark negative Auswirkungen haben: Einerseits verkleinert sich durch die künstliche Beleuchtung der Jagdlebensraum, andererseits beeinflusst sie auch das Nahrungsangebot.

Viele Fledermäuse meiden künstliche Beleuchtung auch abseits ihrer Quartiere strikt. Es gibt zwar lichttolerantere Arten wie die Zwergfledermaus, die oft um Straßenlaternen jagen, aber auch sie hält sich meist außerhalb des Lichtkegels der Laterne auf. Lichtsensiblere Fledermausarten meiden beleuchtete Gebiete sogar großflächig. Problematisch ist aber nicht nur die flächige Erhellung von Gebieten, sondern auch lineare Beleuchtung, wie sie beispielsweise entlang von Straßen und Bahnlinien oder an Brücken vorkommt. Solche Beleuchtungsketten können zu einer starken Zerstückelung von Lebensräumen führen, insbesondere in bewaldeten Gebieten oder über Gewässern.

Lichtverschmutzung kann überdies auf die Beutetiere der Fledermäuse – vornehmlich Insekten und andere Gliederfüßer – einen starken Einfluss haben. Während manche, wie Laufkäfer, Licht meiden, werden andere, wie Eintagsfliegen, Maikäfer oder viele Nachtfalter, von bestimmten Lichtfarben angezogen. In beiden Fällen wird das Beuteangebot nachhaltig verändert. Im einen Lebensraum verschwinden die Beutetiere, weil der Lebensraum ihrem Anspruch an nächtliche Dunkelheit nicht mehr genügen kann. In einem anderen führt die anziehende Wirkung künstlicher Lichtquellen dazu, dass sich die Insekten – abgelenkt von der Beleuchtung – nicht mehr fortpflanzen. Auch wenn Kausalzusammenhänge schwer nachzuweisen sind, dürfte also auch die Lichtverschmutzung ihren Beitrag zur Abnahme der Insektenbiomasse leisten.

Schlechte Umgebungsbeleuchtung – starke Abstrahlung nach oben und zur Seite, zu weißes Licht. Mitten im Wald wie hier sind die negativen Auswirkungen einer solchen Beleuchtung besonders stark.

Flugkorridore: Viele gebäudebewohnende Fledermausarten sind auf lineare, nachtdunkle Strukturen angewiesen, an denen entlang sie abends vom Tagesquartier in ihr Jagdgebiet und wieder zurück fliegen. Die Strukturen dienen dem Schutz vor Fressfeinden und der Orientierung. Infolge der zunehmenden Siedlungsentwicklung wird die Nacht an immer mehr Stellen künstlich erhellt. Die Flugkorridore verlieren dadurch ihre Funktion, und ganze Kolonien können verwaisen. So fliegen Mausohren von einer isoliert stehenden, nachtdunklen Kapelle in alle Richtungen fast gleichmäßig verteilt zur Nahrungssuche aus. Wird aber ein Sektor beleuchtet, wird dieser von den Mausohren gemieden. Von Kolonien im Siedlungsraum folgen deshalb oftmals alle Koloniemitglieder ein und demselben, noch vorhandenen Dunkelkorridor. In solchen Fällen kann schon eine einzelne zusätzliche, schlecht platzierte Lichtquelle das Verwaisen einer Kolonie zur Folge haben.

Migrationsgrouten: Einige einheimische Fledermausarten legen, vergleichbar mit Zugvögeln, zwischen Sommer- und Winterlebensräumen weite Strecken zurück. Solche Migrationsflüge können über 1000 Kilometer betragen; bei den meisten Arten sind sie jedoch deutlich kürzer. Die Routen, welchen Fledermäuse folgen, sowie die Mechanismen, welche diese Routen bestimmen, sind bis heute weitestgehend unbekannt. Es ist jedoch anzunehmen, dass wie bei vielen Zugvögeln Lichtverschmutzung auch bei Fledermäusen das Zugverhalten stört.

Maßnahmen

Information und Sensibilisierung

Viele Leute setzen Licht mit Sicherheit gleich. Diese Wahrnehmung ist jedoch in erster Linie subjektiv. Einige wissenschaftliche Studien kamen gar zum Schluss, dass mehr Licht zu mehr Kriminalität führt. Zudem wird Licht häufig aus rein ästhetischen Gründen eingesetzt, also ohne objektiv messbaren Nutzen. In beiden Fällen muss ein Umdenken stattfinden. Nur wenn der breiten Öffentlichkeit bewusst ist, dass nächtliches Kunstlicht negative Auswirkungen auf den menschlichen Körper und unsere gesamte Umwelt hat, wird ein sachlicher Diskurs über Sinn und Unsinn von Beleuchtungsprojekten möglich. In wenig naturschutzaffinen Kreisen ist dabei das Argument der menschlichen Gesundheit deutlich zugstärker als das des Naturschutzes. Auf die Wichtigkeit der Nacht für Fledermäuse hinzuweisen, wenn sich die Gelegenheit bietet, ist aber nie verkehrt.

Die Bevölkerung ist sich der negativen Auswirkungen von Lichtverschmutzung nach wie vor oft nicht bewusst. In solchen Fällen kann manchmal ein freundliches, informatives Gespräch für die Problematik sensibilisieren.

Oft scheitern Informations- und Sensibilisierungskampagnen gegen Lichtverschmutzung aber daran, dass Emotionen nicht einbezogen werden. So ist es deutlich erfolgsversprechender, mit Entscheidungsträgern eine Fledermausexkursion oder Nachtwanderung zu machen, um sie von der Notwendigkeit und Schönheit dunkler Nacht und der Wichtigkeit der Fledermäuse zu überzeugen, als ihnen lediglich ein faktenbasiertes Informationspapier in die Hand zu drücken.

Bei jeder Neuinstallation oder -bestückung einer künstlichen Außenbeleuchtung soll kritisch hinterfragt werden: Ist diese Beleuchtung wirklich nötig? Dient sie nur der Ästhetik oder dem subjektiven Sicherheitsempfinden? Oder ist sie tatsächlich sicherheitsrelevant? Macht sie durch ihren Nutzen den Schaden wett, den sie verursacht? Kurz: so wenig wie möglich und nur so viel wie unbedingt nötig beleuchten.

Der Waldfriedhof Schaffhausen ist Quartierlebensraum zahlreicher Wasserfledermäuse. Um ihnen den Wechsel zwischen verschiedenen Lebensräumen zu erleichtern, wurde die Straßenbeleuchtung um den Friedhof herum optimiert und den tatsächlichen Bedürfnissen angepasst.

Links: Hell erleuchteter Ausgangszustand.

Mitte: Neue Beleuchtung der frühen Nachtstunden, mit reduzierter Anzahl Leuchtkörper und Lichtintensität.

Rechts: Gedimmtes Licht in den späteren Nachtstunden.

Reduktion der Lichtverschmutzung

Viele der gegenwärtig bestehenden Beleuchtungen wurden erstellt, ohne die durch sie verursachte Lichtverschmutzung zu berücksichtigen, oder es wurde höchstens die direkte Abstrahlung nach oben reduziert. Entsprechend groß ist deshalb das Reduktionspotenzial bei der Lichtverschmutzung.

Zur Verringerung der Lichtverschmutzung auf ein umweltverträgliches Maß bieten sich Maßnahmen auf verschiedenen Handlungsebenen:

- **Anzahl der Lichtquellen reduzieren:** Je nach Verhältnissen vor Ort lässt sich die Anzahl der Lichtquellen um 30 bis 50 Prozent verringern, ohne dass dabei die Beleuchtungsintensität für die menschliche Wahrnehmung übermäßig abnimmt. Dies trifft beispielsweise auch auf Straßenlaternen zu. Im privaten Bereich sind nächtliche Beleuchtungen oft unnötig.

- **Beleuchtungsdauer reduzieren:** Viele Beleuchtungen an Straßen, aber auch in Schaufenstern und Gärten brennen die ganze Nacht, unabhängig davon, ob sie dann einen Nutzen erfüllen oder überhaupt von jemandem gesehen werden. Ein Ausschalten während der Nachtstunden zwischen 22 Uhr und 6 Uhr führt hier in der Regel zu höchstens minimalen Einschränkungen des Beleuchtungszwecks, aber zu einem großen Gewinn für nachtaktive Tiere. Zudem entspricht dieses Ausschalten im Sinne der Nachtruhe der aktuellen Rechtsprechung gemäß Bundesgericht. Wo es sicherheitstechnisch notwendig ist, können Straßenlaternen über Bewegungsmelder gesteuert werden und im Bedarfsfall kurzzeitig aufleuchten.
  Für den Schutz der Fledermäuse sollen im Sommerhalbjahr Gebäude mit wichtigen Quartieren, Jagdlebensräume und Flugkorridore nicht beleuchtet werden. Im Winter ist aus Sicht des Fledermausschutzes eine Gebäudebeleuchtung zwar tolerierbar, weil Fledermäuse dann Winterschlaf halten. Andere Arten hingegen, die im Winter aktiv bleiben, profitieren auch dann vom Verzicht.

- **Lichtintensität reduzieren:** Viele Beleuchtungen, insbesondere wenn sie mit weißen LEDs bestückt sind, emittieren ein äußerst grelles, für unsere Augen oft geradezu schmerzhaftes Licht. Der Einsatz von Dimmern ermöglicht hier, die Lichtintensität auf einen Bruchteil zu senken, ohne dass dabei auf Funktionalität verzichtet werden muss. Zielwert ist jene Lichtstärke, bei welcher die relevanten Strukturen oder Geschehnisse gerade noch problemlos wahrgenommen werden können. Welchem Bruchteil der vollen Leistung dies entspricht, hängt einerseits von Leuchtmittel und Reflektor, andererseits aber auch von den Reflexionseigenschaften des Bodens ab und muss deshalb jeweils vor Ort ermittelt werden.

- **Lichtfarbe anpassen:** Wie groß die negativen Auswirkungen einer nächtlichen Beleuchtung auf Fledermäuse und andere Tier- und Pflanzenarten sind, hängt nicht nur vom betroffenen Lebensraum oder von Standort, Bauweise und Lichtintensität der Beleuchtung ab, sondern auch von ihrer Lichtfarbe. Während Licht mit einem hohen Rotanteil wie beispielsweise von alten Natriumdampf-Straßenlaternen nachtaktive Tiere generell und lichtsensible Fledermausarten im Speziellen weniger stark negativ beeinflusst, haben Beleuchtungen mit weißen oder grünen Farbanteilen einen deutlich größeren negativen Effekt. Zur Reduktion der Störeffekte auf nachtaktive Tiere hat sich besonders die Farbe Bernstein (Amber) als geeignet erwiesen, mit Farbtemperaturen zwischen 1800 und 2000 K. Mittlerweile gibt es auch LEDs in dieser Lichtfarbe, nachdem während Jahren praktisch nur kalkweiße mit einer Lichtfarbe von über 5000 K erhältlich waren. Leider wurden bereits viele Straßenlaternen auf kalkweiße LEDs umgestellt, bevor die bernsteinfarbenen auf den Markt kamen, wodurch zwar der Energieverbrauch verringert wurde, die Lichtverschmutzung sich aber vielerorts deutlich vergrößerte.

Vorteilhafte Farbtemperatur (bernsteinfarben, 1800–2000K) einer Natriumdampflampe. Die Beleuchtung der Hecke sollte aber noch vermieden werden.

- **Lichtkegel optimieren:** Ein Großteil des Lichts, welches nächtliche Beleuchtungen emittieren, geht nicht dahin, wo es gebraucht wird. Es strahlt nicht auf den Boden, sondern zur Seite oder gar nach oben. Indem man die Lichtkegel solcher Leuchten optimiert, kann man mit minimalem Aufwand viel gegen die Lichtverschmutzung tun. Ziel muss sein, dass kein Licht direkt nach oben emittiert wird und so wenig wie möglich zur Seite. Bei Scheinwerfern muss dazu lediglich die Richtung des Lichtkegels verändert werden, beispielsweise, indem ein Objekt von oben statt von unten angestrahlt wird. An wandbefestigten Neonröhren lassen sich einfach Reflektoren anbringen, ebenso an diversen oben lichtdurchlässigen Leuchtentypen. Bei den nach wie vor verbreiteten gläsernen Kugelleuchten mit Rundumabstrahlung lässt sich die Lichtverschmutzung dadurch verringern, dass die obere Hälfte der Kugel bis mindestens zur Mitte mit einer gut deckenden Farbe gestrichen wird. Alternativ gibt es für diverse Kugelgrößen vorgefertigte Kappen aus Kunststoff, die einfach einem Hut gleich aufgesetzt werden können und denselben Zweck erfüllen. Bei starker horizontaler Abstrahlung in sensiblen Gebieten, beispielsweise aus Gebäuden mit Glasfassaden, kann die Pflanzung einer Hecke zur Abschirmung sinnvoll sein.

Durch Einbringen der Beleuchtung in den Handlauf wird die Treppe ausreichend beleuchtet, ohne dass dabei störendes Streulicht verursacht wird.

Mittelmäßige Umgebungsbeleuchtung – gute Abschirmung nach oben, jedoch starke Abstrahlung zur Seite, zu weißes Licht.

Akzeptable Außenbeleuchtung – Licht von oben nach unten, Leuchtkörper in der Decke versenkt und aus der Waagerechten nicht sichtbar, deshalb kaum Streuung.

Ungünstige Fassadenbeleuchtung – weißes Licht und von unten, mit Abstrahlung gegen den Himmel.

Prävention

Ein wichtiger Aspekt im Kampf gegen die Lichtverschmutzung ist nicht nur die Entschärfung bestehender Probleme, sondern auch das Vermeiden einer weiteren Zunahme von Lichtemissionen. Um dies zu gewährleisten, sind verbindliche und speziell auf sichtbare Strahlung bezogene Vorgaben der Politik nötig, welche einerseits die öffentliche Hand verpflichten, ihre Beleuchtungskonzepte umweltgerecht anzupassen, andererseits aber auch die Lichtemissionen von Privathaushalten und Gewerbe begrenzen.

Weiter müssten Außenbeleuchtungsprojekte öffentlich ausgeschrieben werden, um eine Interessenabwägung dahingehend zu ermöglichen, ob das Projekt nötig, standortangepasst und in seinem Umfang vertretbar ist – in Bezug auf nachtaktive Tiere und andere lichtgesteuerte Organismen, aber auch auf die Nachbarn.

Das können Sie gegen Lichtverschmutzung tun

- Seien Sie ein Vorbild: Verzichten Sie an Haus und Garten auf unnötige nächtliche Beleuchtungen. Wo Licht dennoch nötig ist, verwenden Sie nur emissionsarme Lampenmodelle mit minimal nötiger Leuchtkraft und maximaler Lichtbündelung auf das zu beleuchtende Objekt nach dem Motto «so wenig wie möglich, so viel wie nötig».

- Sprechen Sie Verursacher in Ihrem Umkreis (wie Unternehmen, Gemeindeverwaltungen oder Nachbarn) an und weisen sie auf das Problem, die Auslegung der Gerichte und die Lösungsmöglichkeiten hin.

- Setzen Sie sich dafür ein, dass zwischen 22 Uhr und 6 Uhr nicht sicherheitsrelevante Beleuchtungen ausgeschaltet werden – insbesondere Fassadenbeleuchtungen von historischen Gebäuden und Kirchen. Versuchen Sie, solche Beleuchtungen im Sommerhalbjahr ganz zu unterbinden.

- Organisieren Sie Standaktionen oder Fledermausexkursionen mit Schwerpunkt Lichtverschmutzung und verteilen Sie Faltblätter.

- Installieren Sie in Absprache mit den Grundeigentümerinnen und -eigentümern Infotafeln zur Notwendigkeit der Nacht an möglichst nachtdunklen Standorten.

- Erstellen und verteilen Sie Plaketten an vorbildliche Haushalte, Unternehmen oder Gemeinden.

- Organisieren Sie Pflanzaktionen für einheimische Bäume und Sträucher im Siedlungsraum – auch diese schirmen Licht ab.

- Setzen Sie sich ein für die Verankerung von Dunkel- oder, wo bekannt, Fledermausflugkorridoren in kommunalen und kantonalen Richt- und Zonenplänen.

- Wenn Sie Fragen oder Anregungen zur Vermeidung und Reduktion von Lichtverschmutzung haben, kontaktieren Sie den Fledermausschutz. Die Kontaktdaten ausgewiesener Fachpersonen in Ihrer Region finden Sie im Internet unter *fledermausschutz.ch/kantone*.

Fallen

Die in den vorangegangenen Kapiteln behandelten Gefährdungen beziehen sich hauptsächlich auf Fledermauspopulationen. Es gibt aber auch menschengemachte Gefährdungsursachen, die sich mehrheitlich auf Einzeltiere auswirken und oft tödlich enden. Jede dieser Fallen stellt für sich betrachtet vermutlich eine geringe Gefahr für eine Fledermauspopulation dar. In ihrer Summe können sie jedoch relevant für den Artenschutz sein. Aus ethischer Sicht ist es zudem selbstverständlich, dass das qualvolle Verenden von Fledermäusen, wann immer möglich, verhindert wird.

Noch lebende Tiere in Not können mithilfe von Fachpersonen (siehe Kapitel «Tierschutz» auf S. 27) oft gerettet werden. Im Zentrum dieses Kapitels stehen aber Maßnahmen, um solche Unfälle von vornherein zu vermeiden oder deren Anzahl zu senken. Diese Maßnahmen sind in der Regel einfach und effizient.

Regentonnen, Viehtränken und andere glattwandige Gefäße

Wenn Fledermäuse in der Abenddämmerung aus dem Quartier fliegen, stillen sie meist als Erstes ihren Durst. Sie trinken dabei im Flug über stehenden oder langsam fließenden Wasserstellen wie Tümpeln, Seen oder Flüssen. Stürzt eine Fledermaus dabei versehentlich ins Wasser, fliegt sie direkt von der Wasseroberfläche wieder weg oder schwimmt – mit den Flügeln rudernd – zurück ans Ufer.

Eine Gefahr stellen aufgrund ihrer kleinen Dimensionen und der glatten Wände Regentonnen und Viehtränken dar – zumindest, wenn sie nicht randvoll gefüllt sind. Fledermäuse kommen zwar in solche Behälter hinein, viele Arten können aber nicht senkrecht daraus starten, und wegen der glatten Wände können sie nicht herausklettern. So ertrinken sie schlussendlich qualvoll.

Oft verenden auch Tiere in leeren Vasen und ähnlichen glattwandigen Gefäßen, aus denen sie nicht mehr herausklettern können. Wahrscheinlich werden solche Gefäße als mögliche Quartiere untersucht – in der Natur gibt es schließlich kaum strukturlose Oberflächen, an denen Fledermäuse nicht klettern könnten.

Maßnahmen

Wird ein Tier noch lebend in einem solchen Gefäß gefunden, soll es in eine vorbereitete Kartonschachtel überführt und das Fledermausschutz-Nottelefon (siehe Kapitel «Tierschutz» auf S. 27) kontaktiert werden.

Regentonnen, leere Vasen und ähnliche glattwandige Gefäße können einfach mit einem Deckel zugedeckt werden. Dies ist in der Regel auch eine effiziente Maßnahme gegen Stechmücken.

Ist wie bei Viehtränken keine Abdeckung möglich, installiert man eine Ausstiegshilfe. Eine solche kann aus einem 5–10 cm dicken, eckigen Holzstock oder Holzbrett mit rauer Oberfläche hergestellt werden. Sie wird schräg in die Tonne gestellt und muss so lang sein, dass sie mindestens einige Zentimeter über den Gefäßrand hinausschaut. Ein Stein, der an den Fuß des Stockes gebunden wird, verhindert das Auftauchen aus dem Wasser und erhöht die Stabilität. Bei Viehtränken ist darauf zu achten, dass das Vieh die

Ausstiegshilfe nicht entfernen kann, beispielsweise durch eine zusätzliche Befestigung am Rand. Ausstiegsmöglichkeiten helfen auch vielen anderen Tieren wie Insekten oder Vögeln, aus solchen Behältern wieder herauszukommen.

Durch das Einbringen einer Ausstiegshilfe, beispielsweise in Form eines Baumstamms oder einer rauen Steinplatte, kann das Gefahrenpotenzial von Viehtränken und Brunnen auf einfache Weise entschärft werden.

Gitterabdeckungen auf Regentonnen verhindern, dass kleine Tiere hineinfallen.

Fliegenfallen

Fledermäuse jagen bevorzugt an Orten mit hohen Beutetierdichten, wie sie besonders auch in Viehställen auftreten können. In Kuhställen mit hohem Fliegenaufkommen können sich Fledermäuse gar darauf spezialisieren, im Gebäudeinneren Beutetiere von den Wänden und der Decke abzusammeln. Jagen Fledermäuse im Stall, fressen sie jede Nacht bis zur Hälfte des eigenen Körpergewichts an Fliegen und können als «biologische Insektenvertilger» dadurch die Fliegenzahl deutlich reduzieren.

Fliegen ruhen zwar nachts auf festem Untergrund, doch finden dann auch Paarungen statt, bei denen sie – immer noch sitzend – mit den Flügeln schlagen. Fledermäuse erkennen die Fliegen anhand dieser Flügelschläge und lesen sie vom Untergrund ab.

Klebt eine Fliege an einer Klebefalle fest, versucht sie auch nachts, davon loszukommen. Beim Versuch, eine festgeklebte, flügelschlagende Fliege abzulesen, kann eine Fledermaus selbst Opfer der Klebefalle werden. Wird die Fledermaus nicht rechtzeitig entdeckt, stirbt sie einen qualvollen Tod.

Neben Klebefallen können auch elektrische Fliegenfallen, wie sie in Viehställen oft Verwendung finden, eine Todesfalle sein. So können Fledermäuse, welche die Überreste toter Fliegen vom Metallgitter dieser Fallen absammeln wollen, an einem Stromschlag sterben.

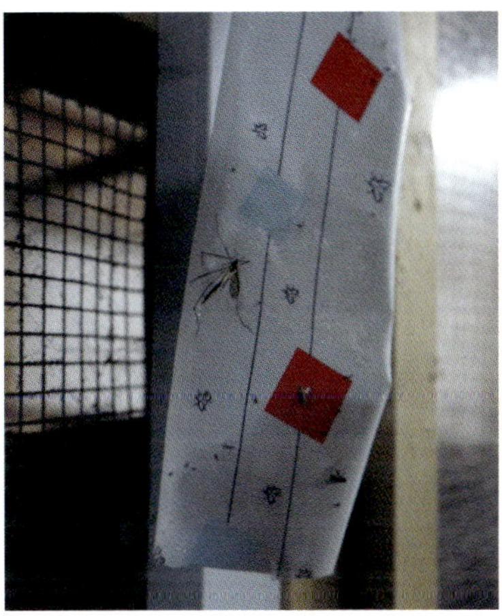

An solchen Klebefliegenfallen bleiben beim Versuch, festgesetzte Insekten abzusammeln, regelmäßig auch Fledermäuse kleben. Werden sie nicht schnell entdeckt und umgehend von einer fachkundigen Person befreit, sterben sie einen qualvollen Tod.

Maßnahmen

Wird eine festgeklebte Fledermaus noch lebend entdeckt, wird sie mitsamt dem umgebenden Klebeband in eine Kartonschachtel gelegt und ein Fledermausschutz-Nottelefon (siehe Kapitel «Tierschutz» auf S. 27) verständigt. Es braucht viel Fingerspitzengefühl, Geduld und Know-how, die zarten Flughäute einer Fledermaus von einem Klebeband loszulösen, weshalb diese Arbeit unbedingt ausgebildeten Fachleuten zu überlassen ist.

Fledermaus-Todesfälle an Klebefallen lassen sich am einfachsten durch Verzicht vermeiden. Meist bleibt es nämlich nicht bei Einzelfällen: An Orten, an denen einmal eine Fledermaus einer Klebefalle zum Opfer fiel, passiert dies meist immer wieder.

Versuche, Klebefallen mit einem Schutzkorb aus Drahtgeflecht zu umhüllen, sodass das Klebeband zwar von den Fliegen, nicht aber von Fledermäusen erreicht werden kann, haben sich als zu wenig effizient zur Fliegenbekämpfung herausgestellt.

Elektrische Fliegenfallen können dadurch größtenteils entschärft werden, dass sie über eine Zeitschaltuhr gesteuert und nachts ausgeschaltet werden. Auf ihre Effektivität hat dies kaum einen Einfluss, zumal Fliegen nachts außer für Paarungen kaum aktiv sind.

Kippfenster

Insbesondere im Spätsommer und Herbst, wenn die Jungtiere selbstständig werden und sich die Wochenstuben auflösen, suchen «Teenager-Fledermäuse» neue Quartiere an Gebäuden. Dazu fliegen sie erfolgversprechende Spalten an und in diese hinein. Dabei können offene Fenster Fallen bilden, insbesondere Kippfenster. Da eine Fledermaus von außen nicht erkennen kann, dass sich hinter den Fenstern ein als Quartier ungeeignet großer Raum befindet, fliegt sie durch die Fensteröffnung hindurch. Wenn sie – einmal drinnen – ihren Irrtum bemerkt, findet sie bei Klappfenstern häufig den Rückweg nicht mehr, weil der Spalt bei nach innen aufgekippten Fenstern nun knapp unter der Zimmerdecke liegt und für die Fledermaus dadurch kaum mehr wahrnehmbar ist. Um solche Spalten von innen mit ihrem Echoortungssystem entdecken zu können, müsste sie sich nämlich oberhalb des Fensters befinden, was insbesondere bei raumhohen Fenstern selten möglich ist. So bleibt sie im Raum gefangen und stirbt an Erschöpfung oder Durst, wenn sie nicht rechtzeitig entdeckt oder das Fenster ganz geöffnet wird und die Fledermaus wieder hinausfliegen kann. Manchmal kommt es sogar vor, dass derart gefangene Fledermäuse über ihre Sozialrufe Artgenossen anlocken, sodass ein aufgeklapptes Fenster zur Todesfalle für Dutzende Tiere werden kann.

Maßnahmen

Werden in Innenräumen erschöpft wirkende Fledermäuse aufgefunden, sind über ein Fledermausschutz-Nottelefon Fachleute hinzuziehen. Die kostengünstigste Maßnahme, um Fledermäuse vor Irrflügen zu bewahren, besteht darin, Kippfenster nachts zu schließen oder aber vollständig zu öffnen. Besonders wichtig ist dies in Räumen, welche nicht ständig bewohnt sind und in welchen eine verirrte Fledermaus unter Umständen erst nach Tagen oder gar Wochen gefunden würde.

Eine alternative Maßnahme ist das Anbringen von Fliegengittern an den Fenstern, welche das Einfliegen von Fledermäusen – aber auch von unerwünschten Stechmücken – verhindern.

Durch das Anbringen von Fliegengittern lassen sich auch Irrflüge von Fledermäusen in den Wohnraum vermeiden.

Kamine

Ähnliche Fallen wie Klappfenster können auch Kamine bilden, wenn ihre Innenseite aus einem glatten Material wie einem Metallrohr besteht. Aus solchen können sich Fledermäuse meist nicht mehr befreien und verenden durch Hunger oder Durst oder bei einer Befeuerung durch Rauch und Hitze.

Maßnahmen

Oben offene Kaminrohre werden am besten mit einem glattwandigen Kaminhut bestückt, welcher eine Landung erschwert und enge, für Fledermäuse unzugängliche Lüftungsschlitze aufweist.

Alternativ können die Öffnungen auch mit engmaschigen Drahtgeflechten gesichert werden. Diese Maßnahme bietet sich vor allem bei traditionellen Schornsteinen mit gemauertem Dach an. Achtung: Aus Brandschutzgründen soll bei Maßnahmen an Kaminen immer eine Fachperson (Schornsteinfeger) beigezogen werden.

Wohl wegen ihrer Ähnlichkeit mit Stammhöhlen können offene Kamine eine anziehende Wirkung auf Fledermäuse haben. Abhilfe schaffen Kaminhüte mit möglichst schmalen Schlitzen.

Windenergieanlagen

Windenergieanlagen können ohne Maßnahmen für Fledermäuse – Individuen wie auch ganze Populationen – ein großes Problem darstellen. Ihnen ist deshalb ein eigenes Kapitel auf Seite 163 gewidmet.

Stacheldraht und Taubenspieße

Fledermäuse können mit ihren Flügeln an den spitzen Stacheln von Stacheldraht hängen bleiben, wenn sie Zäune nach Beuteinsekten absuchen. Auf Fensterbrettern werden oft Taubenspieße angebracht, die das Landen von Tauben verhindern sollen. Befindet sich darüber ein Fledermausquartier, beispielsweise im Rollladenkasten, können ausfliegende Fledermäuse auf den Stacheln aufgespießt werden.

Dies führt im glimpflichen Fall zu Verletzungen, die selbst abheilen. Kann sich die Fledermaus aber nicht wieder befreien, werden die Stacheln zur Todesfalle. Welches effektive Ausmaß das Problem hat, ist bis heute nicht bekannt, da systematische Untersuchungen fehlen. Sporadische Meldungen solcher Vorfälle lassen aber vermuten, dass diese durchaus regelmäßig vorkommen.

Insbesondere für Arten wie dieses Mausohr, die in geringer Höhe über dem Boden jagen, kann Stacheldraht zur tödlichen Gefahr werden.

Maßnahmen

Bestehende Stacheldrahtumzäunungen sollten durch zeitgemäße Alternativen ersetzt werden. Dies hilft nicht nur Fledermäusen, sondern auch vielen anderen Wild-, Haus- und Nutztieren. So erfüllen heutzutage vielerorts ein- oder mehrlitzige Elektrozäune denselben Zweck wie einst Stacheldraht – jedoch mit deutlich geringerem Verletzungspotenzial.

Taubenspieße können durch Drahtspiralen ersetzt werden, welche das Landen von Tauben genauso effektiv verhindern.

Frei drehende Deckenventilatoren

Eine weitere Falle können frei drehende Deckenventilatoren darstellen, insbesondere in Viehställen, die von Fledermäusen bejagt werden. Die Rotoren scheinen von Fledermäusen nicht immer als Gefahr wahrgenommen zu werden, sodass sie ihnen zu nahe kommen und erschlagen oder verletzt werden können.

Maßnahmen

Sofern die Ventilatoren zwingend nötig sind, sollten in Ställen mit Fledermausvorkommen deshalb nur in einen Schutzkorb eingeschlossene Ventilatoren verwendet werden.

Taubengitter

Der Zugang ins Innere von Dachböden wird oft mit Taubengittern versperrt, um die Tiere vom Eindringen abzuhalten. Nicht nur wird dadurch Fledermäusen ebenfalls der Zugang verwehrt, Letztere können in grobmaschigem Gitter mit ihren Unterarmen hängen bleiben und nicht mehr loskommen.

Maßnahmen

Ist kein Fledermausquartier betroffen – auch kein potenzielles –, soll der Zugang mit feinmaschigem Gitter von maximal 1 cm Maschenbreite, noch besser aber mit Drahtgaze für Tauben versperrt werden, sodass Fledermäuse sich nicht mit den Unterarmen verfangen können.

Ist ein potenzielles oder effektives Fledermausquartier betroffen, kann die Einflugöffnung so weit verkleinert werden, dass zwar Fledermäuse noch hineinfliegen können, Tauben aber nicht. Die Öffnung sollte noch 10 cm hoch und mindestens 50 cm breit sein, respektive so breit wie die ursprüngliche Öffnung (bei kleineren Fenstern). Befindet sich vor der Öffnung ein Fensterbrett, muss der Einflug etwas über dem Brett angebracht werden, sonst haben die Tauben weiterhin Zugang, wenn sie zuerst auf dem Brett landen und dann zu Fuß hineingehen. Alternativ können Querstäbe in die Öffnungen eingelassen werden, wobei der unterste auf 4–5 cm Höhe sein sollte. Für die Umsetzung ist eine Fledermausschutz-Fachperson hinzuzuziehen.

Fressfeinde

Fledermäuse sind klein. Zudem verbringen sie einen Großteil ihrer Lebenszeit in Tagesschlaflethargie oder im Winterschlaf, aus welchen aufzuwachen jeweils mehrere Minuten, beim Winterschlaf gar bis über eine halbe Stunde dauert (siehe «Wärmeregulation» auf S. 10). Sie sind deshalb einem beträchtlichen Risiko ausgesetzt, von Fressfeinden erbeutet zu werden.

Dank ihrer Nachtaktivität und der Wahl geschützter Rückzugsorte während der Ruhephasen können Fledermäuse diesen Feinddruck stark reduzieren. Dies verhilft ihnen trotz ihrer Kleinheit und zeitweisen Reaktionsunfähigkeit zu einer vergleichsweise hohen Lebenserwartung, welche nötig ist, um trotz geringer Fortpflanzungsraten den Fortbestand der Art zu sichern.

Dennoch sind Fledermäuse mit einer Reihe von Fressfeinden konfrontiert, welche ihnen teils als Kulturfolger, teils aktiv vom Menschen angesiedelt das Leben schwer machen. Die bedeutendsten sind:

- Hauskatzen
- Marder
- Vögel

Hauskatzen

In der Schweiz leben rund 1,7 Millionen Hauskatzen (Stand 2020), die im Siedlungsraum Dichten bis über 500 Individuen pro Quadratkilometer erreichen. Bei den wildlebenden Verwandten der Hauskatzen, der einheimischen Europäischen Wildkatze sowie der afrikanischen Falbkatze (Stammform der Hauskatze), übersteigen die Dichten in freier Wildbahn kaum je ein bis zwei Tiere pro Quadratkilometer. Durch die schier unglaubliche Hauskatzendichte sind Fledermäuse im Siedlungsraum einem hohen Risiko ausgesetzt, einer Katze zum Opfer zu fallen. Überdies jagen die meisten Hauskatzen nicht, um satt zu werden, sondern um ihren angeborenen Jagdtrieb zu befriedigen – Futter gibt es zu Hause ja genug. Eine einzelne Katze kann an einem Abend eine ganze Fledermauskolonie auslöschen, indem sie alle ausfliegenden Tiere fängt, totbeißt oder schwer verletzt und dann liegen lässt. Auch wenn eine Fledermaus einer solchen Attacke entkommt, stehen ihre Überlebenschancen schlecht: Rund 50 Prozent der von Hauskatzen verletzten Tiere sterben oft innerhalb weniger Tage an den Folgen des Bisses, meist an einer Vergiftung, verursacht durch den Mikrobencocktail im Speichel der Katze.

Hauskatzen können ganze Fledermauskolonien auslöschen.

Diese Zwergfledermaus fiel einer Katze zum Opfer. Sie musste eingeschläfert werden.

Frei laufende Hauskatzen können aber nicht nur für Fledermäuse, sondern für die gesamte Biodiversität ein Problem sein. Gemäß einer Studie aus Kapstadt, bei welcher Hauskatzen mit Kameras ausgestattet wurden, erbeutet dort eine Katze durchschnittlich 90 Kleintiere pro Jahr. In anderen Arbeiten sind es zwischen 10 und 80. Diese Zahlen dürften auch auf Schweizer Verhältnisse übertragbar sein. Hochgerechnet auf die rund 1,7 Millionen Katzen in der Schweiz ergäbe das 17 bis 153 Millionen Wildtieropfer pro Jahr. Der größte Teil der Beute wird nachts gemacht – dann also, wenn auch Fledermäuse aktiv sind. Die Studie zeigte zudem, dass Katzen weniger als 20 Prozent aller erbeuteten Tiere mit nach Hause brachten, wir Menschen sehen also nur einen kleinen Teil der Beute.

Wie groß der Einfluss der Hauskatzen auf die Bestände der einheimischen Fledermausarten tatsächlich ist, lässt sich nur schwer abschätzen, weil meist zu wenig über die Bestandsgrößen von Fledermäusen bekannt ist. Dass er aber gravierend sein kann, lässt sich an einem einfachen Rechenbeispiel veranschaulichen: Bei den häufigsten Arten wie der Zwergfledermaus, von welcher im Jura Dichten von bis zu 50 Tieren pro Quadratkilometer nachgewiesen wurden, dürfte der gesamtschweizerische Bestand demzufolge grob geschätzt etwa zwei Millionen Tiere betragen. Wenn nun jede der 1,7 Millionen Hauskatzen jährlich lediglich eine Zwergfledermaus erbeutet, träfe dies bis zu 80 Prozent des gesamten Bestandes – pro Jahr! Langfristig können Hauskatzen im Siedlungsraum den Fledermausbestand gemäß dieser Rechnung also durchaus dezimieren, zumal Fledermausweibchen in der Regel nur ein einziges Junges pro Jahr gebären.

Maßnahmen

Der wichtigste Schritt zur Lösung des Hauskatzenproblems wäre eine Reduktion der Anzahl frei laufender Hauskatzen. Weltweit fordern Artenschützerinnen und -schützer Verbote der Freilaufhaltung von Hauskatzen. Außer in Ozeanien, wo Hauskatzen nachweislich dort heimische Arten für immer ausgerottet haben, wurden solche Verbote allerdings bisher nicht durchgesetzt.

Eine Alternative ist die freiwillige Wohnungshaltung, denn auch so können Katzen artgerecht gehalten werden – vorausgesetzt, sie erhalten ausreichend Beschäftigung und sind von klein auf nichts anderes gewohnt. Zudem bieten sich viele Möglichkeiten mit ausbruchsicheren Balkonen, Terrassen oder Gärten. Im englischsprachigen Raum sind solche als «Catios» bekannten Einrichtungen bereits weit verbreitet.

Auch wenn aus frei laufenden Hauskatzen keine Wohnungskatzen gemacht werden können, hilft es unseren Fledermäusen unmittelbar, wenn die Katze nachts im Haus behalten wird. Tagsüber erhöht ein Glöckchen oder leuchtfarbenes Halsband die Überlebenschancen von Vögeln oder Eidechsen. Neue Studien legen überdies nahe, dass Katzen, welche mit hochwertigem, proteinreichem Futter ernährt werden und mit denen regelmäßig gespielt wird, deutlich weniger jagen als solche, die hauptsächlich getreidebasiertes Futter erhalten und die meiste Zeit sich selbst überlassen sind.

Aus Sicht des Artenschutzes ist Wohnungshaltung die einzige akzeptable Form der Katzenhaltung.

Immer wieder wird auch die Einführung einer Katzensteuer auf frei laufende Katzen gefordert, analog zur gängigen Hundesteuer. Diese könnte vollumfänglich dem Schutz der einheimischen Biodiversität zugutekommen. Mit den Geldern könnte den negativen Auswirkungen frei laufender Hauskatzen zumindest entgegengewirkt werden.

Marder

Von den Marderartigen in der Schweiz können insbesondere der Baum- und der Steinmarder Fledermäuse erbeuten. Der Baummarder kommt fast ausschließlich im Wald vor. Da wir nur sehr wenig über Bestandsgrößen von Baumhöhlen bewohnenden Fledermausarten wissen, sind mögliche Auswirkungen auf die Bestände unbekannt. Als geschickter Kletterer und bekannter Prädator zahlreicher höhlenbrütender Vogelarten dürfte er auch vor Baumhöhlen bewohnenden Fledermäusen nicht Halt machen.

Der Steinmarder besiedelt praktisch alle Lebensräume bis ins Hochgebirge, seine höchsten Dichten erreicht er aber im Siedlungsraum. Hier hält er sich gerne auf Dachböden und in Zwischendächern auf – den bevorzugten Rückzugsorten vieler Fledermausarten – und macht sich durch nächtlichen Lärm oder Kothaufen bemerkbar. Insbesondere bei Dachböden bewohnenden Arten wie dem Großen Mausohr hat oft schon das einmalige Eindringen eines Steinmarders das sofortige Verlassen des Quartiers zur Folge. Werden dabei noch Fledermäuse getötet, ist die Quartieraufgabe meist endgültig.

Steinmarder sind geschickte Kletterer und äußerst neugierig. Fledermausquartiere vor ihnen zu schützen, ist deshalb entsprechend anspruchsvoll.

Die Anwesenheit von Steinmardern in Gebäuden bleibt meist nicht lange unentdeckt, zu auffällig sind ihre Hinterlassenschaften.

Maßnahmen

Marder stellen im Gegensatz zu Hauskatzen natürliche Fressfeinde für Fledermäuse dar, entsprechend soll gegen sie nur punktuell vorgegangen werden. Die beste Maßnahme gegen die Prädation Baumhöhlen bewohnender Fledermausarten durch Baummarder ist die Vergrößerung des Baumhöhlenangebots. Je mehr Höhlen, desto geringer das Risiko für eine Fledermaus, von einem Marder gefunden zu werden. Bei wichtigen bekannten Quartieren in Baumhöhlen kann zudem das Anbringen von Drahtmanschetten in Betracht gezogen werden – unterhalb der Höhle, bei Bäumen mit stark ineinander verzahnten Kronen zusätzlich auch oberhalb, jeweils mit ausreichend Abstand zum Höhleneingang.

Vor Steinmardern sind insbesondere Dachbodenquartiere gebäudebewohnender Fledermausarten zu schützen. Die effektivste Maßnahme ist, den Mardern den Zugang zu Gebäuden mit wichtigen Fledermausquartieren zu verwehren. Das klingt einfach, ist in der Praxis aber oft nur schwer umzusetzen. Meist dringen Marder über Löcher im Dach in Gebäude ein – ein Lochdurchmesser von weniger als fünf Zentimetern reicht dafür bereits aus. Marder sind zudem äußerst geschickte Kletterer und können bei entsprechend strukturierter Fassade sogar senkrechte Hauswände erklimmen. Wenn sie sich hinter ein Regenrohr klemmen können, kommen sie aber auch glatte Fassaden hoch. Sind erst einmal Marder bis in einen Dachboden vorgedrungen, wird es schwierig, sie ohne bauliche Veränderungen wieder loszuwerden. Fängt man sie ein, tauchen meist schon bald andere Artgenossen auf, die den Duftspuren ihrer Vorgänger folgen. Fänge mittels Kastenfallen (durch die Wildhut) müssen also unbedingt von weiteren Maßnahmen flankiert werden, die den Mardern den Zugang zum Dachboden verwehren. Dafür muss als Erstes herausgefunden werden, wie die Tiere ins Haus gelangen. Erklettern sie die Fassade, erkennt man dies meist an den Spuren ihrer Krallen und Pfoten. Am Kupfer der Regenrohre zeigen sich auf dem untersten Meter senkrechte Kratzspuren, an der Fassade können dunkle Verfärbungen, beispielsweise an Ecken oder hinter Regenrohren, von Schmutz und Drüsensekret an den Füßen der Eindringlinge stammen. Auch Bäume, die zu nahe ans Dach heranwachsen, werden als Brücken zum Gebäude genutzt. Diese können einfach zurückgeschnitten werden.

Solche Manschetten verhindern, dass Marder aufs Dach gelangen.

Ist der Zugang gefunden, muss dieser unpassierbar gemacht werden. Infrage kommen je nach Zugang beispielsweise das Absägen von Ästen, die näher als zwei bis drei Meter ans Gebäude ragen, das Anbringen von Abwehrgürteln aus Draht am Regenrohr oder von glatten Blechstücken ausreichender Größe an neuralgischen Punkten an der Fassade.

Ist das komplette Aussperren der Marder aus einem Gebäude nicht möglich, beispielsweise weil das Dach von außen erschlossen oder das Gebäude zu verwinkelt ist, bleibt als letzte Maßnahme noch die mardersichere Abriegelung des Fledermausquartieres. Dazu werden alle potenziellen Zugänge mit Holz oder Gitter verschlossen – natürlich unter Ausnahme der von den Fledermäusen als Ein- und Ausflug genutzten.

Arbeiten im Quartier sind grundsätzlich während der Abwesenheit der Tiere durchzuführen, beim Eindringen von Mardern kann aber jeder Tag zählen. Am besten zieht man deshalb in jedem Fall eine Fledermausschutz-Fachperson zu Rate.

Vögel

Verschiedene Vogelarten zählen zu den bedeutendsten natürlichen Fressfeinden der Fledermäuse, namentlich Greifvögel, Falken und Eulen. Tagaktiven Vögeln wie Baum- oder Wanderfalken können sich Fledermäuse durch ihre nächtliche Lebensweise meist entziehen. Während der Dämmerung können sie aber dennoch von ihnen erbeutet werden. Es gibt sogar einige tagaktive Greifvogelarten, die sich auf Fledermäuse spezialisiert haben, wie der Fledermausaar in Afrika und Asien und der Fledermausfalke in Mittel- und Südamerika.

Um den nachtaktiven Eulen auszuweichen, meiden langsam fliegende Fledermausarten den offenen Luftraum sowie künstlich erleuchtete Gebiete und mondhelle Nächte. Von zahlreichen Eulenarten ist bekannt, dass sie gelegentlich Fledermäuse erbeuten. Die wichtigsten Prädatoren für Fledermäuse sind in Europa Waldkauz, Waldohreule und Schleiereule. Alle drei Arten können sowohl in Dachbodenquartieren als auch in der Luft Fledermäuse erbeuten. Sie leben oft in Siedlungsnähe und sind vergleichsweise häufig.

Die Schleiereule gehört zu den geschicktesten Fledermausjägern unter den Vögeln.

Neben den eben erwähnten können aber auch Vogelarten Fledermäuse erbeuten, denen man dies auf den ersten Blick vielleicht nicht zutrauen würde. So gelangen in Nordeuropa Beobachtungen von Großmöwen, welche aus Spaltquartieren herauskrabbelnde Fledermäuse «absammeln». Auch Rabenvögel wie Elstern und Krähen erbeuten gelegentlich Fledermäuse. In Ungarn konnten Kohlmeisen beobachtet werden, wie sie winterschlafende Fledermäuse totpickten und fraßen.

Maßnahmen

Weil Greifvögel, Eulen und Falken ebenso wie Fledermäuse geschützt und zudem viele von ihnen potenziell gefährdet sind, ist von direkten Maßnahmen gegen diese Vögel abzusehen. Verschiedene vorbeugende Maßnahmen können aber durchaus sinnvoll sein. So ist in direkter Umgebung von bekannten Fledermausquartieren auf das Anbringen von Eulen- und Falkennistkästen zu verzichten. Dringen Eulen wiederholt in Fledermausquartiere ein, ist eine Verkleinerung der Einflugöffnung oder das Anbringen von Hindernissen zu prüfen. Weil manche Fledermausarten empfindlich auf solche Veränderungen reagieren, ist vor ihrer Umsetzung in jedem Fall eine Fledermausschutz-Fachperson hinzuzuziehen.

In unmittelbarer Nähe zu bekannten Fledermausquartieren sollte auf das Anbringen von Nisthilfen für Falken und Eulen verzichtet werden.

Das können Sie gegen Fressfeinde tun

- Klären Sie Personen in Ihrem Umfeld über die Auswirkungen der Freilaufhaltung von Hauskatzen auf.
- Sehen Sie selbst von der Haltung frei laufender Hauskatzen ab. Halten Sie die Tiere drinnen, oder, wenn Ihnen dies nicht zusagt, verzichten Sie komplett.
- Falls Sie die Haltung frei laufender Hauskatzen trotzdem als nötig empfinden, beschränken Sie sich auf eine einzige, füttern Sie diese proteinreich und spielen Sie viel mit ihr.
- Falls Sie bereits frei laufende Hauskatzen besitzen, behalten Sie diese zwischen Sonnenunter- und Sonnenaufgang im Haus. Damit helfen Sie zumindest den Fledermäusen, wenn auch nicht den meisten anderen (tagaktiven) Tieren.
- Versehen Sie Ihre Katze mit einem Glöckchen oder einem auffällig gefärbten Halsband. Dies hilft zwar nicht den Fledermäusen, erhöht aber die Überlebenschancen von Vögeln.
- Setzen Sie sich ein für eine Katzensteuer zugunsten des Natur- und Artenschutzes.
- Setzen Sie sich ein für mehr Höhlenbäume im Wald.
- Verzichten Sie auf das Anbringen von Nisthilfen für Greifvögel, Falken und Eulen in unmittelbarer Nähe zu bekannten Fledermausquartieren.

Auf der Flucht vor dem Steinmarder

Bis in die 1990er-Jahre beherbergte die Kirche in Flumenthal im Kanton Solothurn eine der bedeutendsten Wochenstuben des Großen Mausohrs in der Schweiz. In ihrem Dachstock fanden sich in manchen Jahren mehr als 700 Fledermäuse ein. Dies änderte sich 1992 jedoch schlagartig. Weil neben der Kirche ein Baum nicht mehr geschnitten wurde, gelangten über seine Äste Steinmarder aufs Dach, von wo aus sie problemlos durch das Zwischendach in den Dachboden des historischen Gebäudes vordringen konnten. Nachdem der zuständige Fledermausschutz-Beauftragte das Problem bemerkt hatte, wurden zwar die entsprechenden Äste entfernt und die Marder eingefangen. Weil nun aber bereits das ganze Gebäude nach Marder roch, drangen erneut Marder ein, welche nun das Dach über die Fassade, entlang des Regen-Fallrohrs erkletterten. Das Anbringen von Drahtmanschetten am Fallrohr, welche das Hochklettern der Marder verhinderten, kam für die Mausohren zu spät: Die Anwesenheit der Marder hatte die Tiere derart beunruhigt, dass das Quartier binnen dreier Jahre komplett verwaiste. Vieles deutet darauf hin, dass sich die Mausohren auf umliegende Quartiere verteilten.

In Langendorf nahe Solothurn gab es nämlich zu dieser Zeit ebenfalls eine Kolonie Großer Mausohren. Diese hatte in den 1970er-Jahren einen dramatischen Bestandseinbruch erlitten, wohl wegen des Einsatzes giftiger Holzschutzmittel und des Verschlusses von Einflugöffnungen. Eine kleine Gruppe von meist weniger als einem Dutzend Weibchen konnte sich jedoch auf diesem Dachboden halten. Viele Tiere aus Flumenthal flüchteten nach dem Mardereinfall nach Langendorf. Die dortige Kolonie wuchs von vier Weibchen im Jahr 1991 auf ein Maximum von 490 im Jahr 2006. In den Jahren 1996/1997 wurde das Dach in Langendorf erneuert, was dank des rechtzeitigen Hinzuziehens des Kantonalen Fledermausschutz-Beauftragten reibungslos verlief, sodass nach der Sanierung sogar mehr Tiere das Quartier nutzten als zuvor.

Im Dachboden dieses Gebäudes der Psychiatrischen Klinik Langendorf lebte einst eine der größten Mausohr-Wochenstuben der Schweiz. Am rechten Bildrand ersichtlich ist eine der beiden Treppen, die dazu führte, dass Marder auf das Dach und den Dachboden gelangen konnten.

Die Erfolgsgeschichte war jedoch nur von kurzer Dauer. In den Jahren 2007 bis 2008 standen erneut Sanierungsarbeiten an; diesmal wurde die Etage unterhalb des Fledermausquartiers umgebaut. Auch dieses Mal wurde der Fledermausschutz in die Planung miteinbezogen. Um die Fledermäuse nicht übermäßig durch Lärm und Vibrationen zu stören, wurde der Dachbodens nach unten hin sogar schallisoliert. Aus feuerpolizeilichen Gründen wurde dann gegen Ende der Bauarbeiten verfügt, am Gebäude Außentreppen bis zum Dach anzubringen. Mit dem Fledermausschutz wurde diese Planänderung aber leider nicht mehr besprochen, man baute die Treppe ohne Rücksprache. Das Ergebnis mag bereits vertraut anmuten: Über die neue Treppe gelangten Marder aufs Dach und verschafften sich über das Zwischendach Zugang zum großen, verwinkelten Dachboden, wo sie nachweislich Fledermäuse töteten. Trotz eiligst ergriffener Gegenmaßnahmen zum Ausschluss der Marder zumindest aus dem Fledermausquartier war das Schicksal der Kolonie damit besiegelt. Seit nunmehr über zehn Jahren halten sich höchstens noch Einzeltiere auf dem Dachboden auf, das Quartier wird also praktisch nicht mehr genutzt.

Was aus den über 400 Fledermäusen geworden ist, bleibt bis heute nur teilweise geklärt. Es ist anzunehmen, dass die Tiere erneut umgezogen sind und seither anderswo ihr Quartier haben. Mehrere Versuche, ihr neues Quartier mittels besenderter Tiere zu finden, blieben bisher erfolglos. Zeitgleich mit dem Verschwinden in Langendorf tauchten Mausohren in einem Privathaus auf, rund drei Kilometer vom ursprünglichen Quartier entfernt. Erst 2021 erfuhr dann aber der Fledermausschutz von diesem Quartier, sodass weitere Abklärungen zur Koloniegröße noch ausstehen.

Aufgrund ihrer zum Teil beträchtlichen Koloniegröße und damit verbundener starker Konzentration auf wenige Quartiere sind Mausohren durch Störungen und Quartierverlust besonders gefährdet.

Störungen im Winterschlaf

Physiologie des Winterschlafs

Weil es im Winter kaum Beuteinsekten gibt, halten Fledermäuse in unseren Breiten einen Winterschlaf. Zur Vorbereitung legen die Tiere Fettreserven an und ziehen teilweise weite Strecken von den nahrungsreichen Sommerlebensräumen in Gebiete mit kürzeren Wintern. Im Winterschlaf senken Fledermäuse die Körpertemperatur auf Umgebungstemperatur bis nahe an den Gefrierpunkt, wodurch sie rund 400-mal weniger Energie verbrauchen als im Wachzustand. Je höher die Umgebungstemperatur ist, desto mehr Energie verbrauchen die Tiere, weil sich die Stoffwechselrate mit zunehmender Körpertemperatur beschleunigt. Fällt die Temperatur unter null Grad, wachen sie auf, um nicht zu erfrieren. Je nach Fledermausart und individueller Konstitution verbringen Fledermäuse den Winterschlaf in Quartieren mit einer Umgebungstemperatur von meist 1 bis 10 Grad Celsius. Geeignete Winterschlafquartiere sind also kühl. Große Abendsegler verbringen den Winterschlaf in dichten Kolonien auch in Baumhöhlen, deren Temperatur etwas unter null Grad Celsius sinken kann. Es wurde beobachtet, dass in solchen Fällen einige Tiere aufwachen und die schlafenden Mitbewohnerinnen und -bewohner durch ihre höhere Körpertemperatur vermutlich etwas wärmen, sodass die Körpertemperatur bei der gesamten Kolonie nicht unter null Grad Celsius sinkt. Eine Kolonie Großer Abendsegler würde demnach wie ein «Superorganismus» agieren.

Fledermäuse haben im Verhältnis zu ihrem Körpervolumen eine große Körperoberfläche. Über diese und die Atmung verlieren sie laufend Wasser. Winterschlafende Fledermäuse suchen sich deshalb feuchte Quartiere, um nicht wegen Wassermangel aufwachen und trinken zu müssen. In unterirdischen Höhlen findet man überwinternde Fledermäuse deshalb meist an den feuchtesten Stellen, oft sind die Tiere gar mit Tau beschlagen. Fledermäuse, welche in trocknerer Umgebung überwintern, müssen regelmäßig den Winterschlaf unterbrechen, um zu trinken.

Fledermäuse im Winterschlaf sind klamm und bis auf Reflexe wehrlos. Der Aufwachvorgang dauert bis zu einer Stunde. Da er viel Energie verbraucht, dürfen Fledermäuse im Winterschlaf nicht gestört werden, denn im Winter gibt es kaum Insekten, um die verlorene Energie durch die Jagd zu ersetzen.

Wird eine Fledermaus im Winterschlaf gestört, wird der Aufwachvorgang eingeleitet. Meist bemerken wir Menschen dies kaum, denn am Zustand der Fledermaus verändert sich optisch kaum etwas: Sie verharrt vorerst weiterhin bewegungslos.

Höhlentourismus

Zahlreiche Fledermausarten ziehen sich im Winter in unterirdische Quartiere zurück und hängen entweder frei an Wänden bzw. der Decke oder ziehen sich in enge Spalten oder das Bodengeröll zurück. Werden solche Höhlen durch Menschen besucht, kann durch Lärm oder Temperaturveränderungen der Aufwachvorgang eingeleitet werden. Erkennen kann man dies meist nur, wenn die Fledermaus nicht mit gestreckten Beinen hängt, sondern diese reflexartig angewinkelt werden.

Winterschlafende Fledermäuse brauchen bis über 30 Minuten, um sich auf Normaltemperatur aufzuheizen. Für den Laien ist es deshalb oft schwierig einzuschätzen, ab wann sich eine Fledermaus gestört fühlt. Bester Anhaltspunkt hierfür sind die Beine. Während bei einer entspannten, schlafenden Fledermaus die Beine gestreckt sind (Bild links), werden diese bei Störung angezogen (Bild rechts).

Bei Fledermäusen, die in Spalten versteckt überwintern, ist der Einfluss von Lärm und Wärme schwieriger einzuschätzen, da diese Reflexe hier nicht beobachtet werden können. Es ist aber anzunehmen, dass auch sie einen Aufwachvorgang einleiten.

Aus diesen Gründen kann Höhlentourismus im Winter für Fledermäuse ein ernstzunehmendes Problem darstellen. Dies gilt umso mehr, wenn die Höhlenbesucher in Gruppen unterwegs sind, sich über Bereiche mit losem Geröllboden bewegen und im schlimmsten Fall in der Höhle noch Feuer machen oder andere Substanzen abbrennen.

Anders als in Deutschland, wo von Anfang Oktober bis Ende März ein generelles Betretungsverbot für Höhlen herrscht, sind Höhlenbesuche in der Schweiz grundsätzlich ganzjährig erlaubt – vorausgesetzt, es werden dabei keine Fledermäuse oder andere geschützte Tierarten nachhaltig gestört.

Maßnahmen

Der sicherste Weg, um Fledermäuse in Höhlen vor unnötigen Störungen zu schützen, führt über Betretungsverbote während der Winterschlafzeit von Anfang Oktober bis Ende März – so wie dies in Deutschland bereits heute gesetzlich verankert ist. Wo ein einfaches Verbotsschild nicht ausreicht, können die Höhleneingänge mit Umzäunungen oder Vergitterungen vor unbefugtem Betreten geschützt werden. Hierbei ist in jedem Fall auf die Bedürfnisse der anwesenden Fledermausarten Rücksicht zu nehmen, das Hinzuziehen einer Fledermausschutz-Fachperson wird dringend empfohlen.

In Zusammenarbeit mit dem Fledermausschutz hat die Schweizerische Gesellschaft für Höhlenforschung ein Faltblatt entwickelt, welches auf die Problematik aufmerksam macht und Verhaltensanweisungen enthält.

Vergitterungen können sensible Winterquartiere vor übermäßiger Störung schützen. Welche Art der Vergitterung jeweils in Frage kommt, hängt nicht nur von der Höhlenumgebung, sondern auch von den die Höhle nutzenden Fledermausarten ab.

Unabhängig von der Jahreszeit soll das Verbrennen jeglicher Substanzen (Holz, Kerzen, Brennpasten, Gase usw.) im Höhleninnern unterlassen werden, darin eingeschlossen insbesondere auch Karbid. Auch wenn mittlerweile viele Höhlenbesucher auf LED-Lampen umgestiegen sind, verwenden immer noch viele Karbidlampen. Diese setzen Ruß und nicht nur für Fledermäuse, sondern auch den Menschen giftige Gase frei, weshalb nur schon aus Eigeninteresse von der weiteren Nutzung dieser Technologie abgesehen werden sollte.

Generell sollten Höhlen auch während des restlichen Jahres nur in kleinen Gruppen begangen werden, welche sich rücksichtsvoll und leise verhalten. Böden aus lockerem Schotter sind zu meiden oder – wenn nicht anders möglich – so zu überqueren, dass sich keine Steine verschieben. Von der Veranstaltung von Großevents wie Konzerten, Banketten und dergleichen ist abzusehen.

Weil die Störung von Fledermäusen im Winterschlaf einen Verstoß gegen die schweizerische Natur- und Heimatschutzverordnung wie auch gegen die Berner Konvention darstellt, hätten der Bund und insbesondere die Kantone die rechtlichen Grundlagen, um den Höhlenschutz konsequent voranzutreiben.

Geocaching

In den letzten Jahren sind Höhlen zunehmend auch in den Fokus von sogenannten Geocachern gerückt. Beim Geocaching geht es darum, Objekte zu finden, welche irgendwo in der Landschaft versteckt und dann auf einer Online-Plattform registriert wurden. So kann jeder auf der Plattform registrierte User selbst Caches ausbringen oder die anderer in Feld und Flur suchen und sich im ausgelegten Logbuch verewigen. Sehr beliebte Verstecke für solche Geocaches sind neben Felshöhlen und -spalten auch Baumhöhlen oder Löcher in Mauern – allesamt Orte, die auch von Fledermäusen für den Winterschlaf genutzt werden.

Maßnahmen

Als Geocacher sollte man konsequent auf das Anbringen wie auch das Aufsuchen von Caches in Höhlen verzichten. User, welche Caches in Höhlen unterhalten, sollten freundlich auf die Fledermausproblematik hingewiesen werden mit der Bitte, den Cache zu entfernen. Viele Geocacher bezeichnen sich selbst als naturverbunden und handeln mehr aus Unwissenheit denn aus böser Absicht zu Ungunsten der Fledermäuse. Meist wird solchen Aufforderungen deshalb anstandslos nachgekommen.

Baumfällarbeiten

Immer wieder kommen Fledermäuse auch zu Schaden, wenn im Winterhalbjahr Höhlenbäume gefällt oder zurückgeschnitten werden. Davon sind Baumhöhlen im Wald, in Parks, Privat- oder Obstgärten gleichermaßen betroffen. Weil Fledermäuse insbesondere bei tiefen Temperaturen lange brauchen, um auf Betriebstemperatur zu kommen, reicht die Zeit zwischen dem Ansetzen der Säge und dem Umfallen des Baumes meist bei weitem nicht. Das Ergebnis sind Fledermäuse, welche im umfallenden Baum erschlagen oder von der Kettensäge zerstückelt werden.

Während bis in die 2010er-Jahre regelmäßig gefällte Bäume mit winterschlafenden Fledermäusen gemeldet wurden, bleiben solche Meldungen heute weitgehend aus. Grund ist vermutlich, dass maschinelle Vollernter einen Baum packen, ihn in wenigen Sekunden absägen, entasten und auf einen Transporter laden. Winterschlafende Fledermäuse dürften meist unbemerkt mit verladen werden. Das Ausmaß und die Wirkung solcher Verluste sind bisher jedoch unbekannt. Betroffen sind meist Abendsegler.

Baumhöhlen werden insbesondere von Abendseglern auch als Winterquartiere genutzt. Höhlenbäume sollten, wann immer möglich, stehen gelassen werden.

Maßnahmen

Für Baumfällarbeiten ist es schwierig, die richtige Jahreszeit zu finden. Während im Sommer das Brutgeschehen und die Jungenaufzucht verschiedenster Tierarten nicht gestört werden darf, trifft dies im Winter auch auf überwinternde Fledermäuse zu. Im Herbst balzen die Männchen einiger Fledermausarten aus Baumhöhlen und bilden Harems. Das Risiko, Fledermäuse durch Holzschlag zu stören oder zu verletzen, lässt sich jedoch stark reduzieren, indem Bäume, welche offensichtlich über Höhlen verfügen und damit großen Wert für die Biodiversität, jedoch kaum mehr auf dem Holzmarkt haben, einfach stehen gelassen werden.

Merkt man während der Arbeiten, dass ein Baum von Fledermäusen bewohnt ist, sind die Arbeiten an diesem Baum unverzüglich einzustellen. Falls der Baum schon liegt und (flugunfähige) Fledermäuse zum Vorschein kommen, sind die Anweisungen im Kapitel «Tierschutz» zu befolgen und das Fledermausschutz-Nottelefon zu kontaktieren. Beim Zeichnen, Zurückschneiden oder Fällen von Bäumen mit Quartierverdacht kann es hilfreich sein, eine Fledermausschutz-Fachperson hinzuzuziehen. Diese hat meist einen anderen Blick auf Bäume und kann auch Baumhöhlen entdecken, die dem ungeschulten Auge verborgen bleiben.

Sanierungen von Gebäuden und anderen Bauwerken

Seit ein paar Jahren häufen sich Meldungen von Fledermäusen, die beispielsweise hinter Wandverschalungen und in Zwischendächern überwintern. Ob das Phänomen durch mildere Winter ausgelöst wird oder dadurch, dass die Bevölkerung Fledermäuse besser wahrnimmt, ist nicht bekannt. Die langjährigen Empfehlungen des Fledermausschutzes, Bauarbeiten an Quartiergebäuden wegen der Abwesenheit der Fledermäuse auf das Winterhalbjahr zu legen, ist heute deshalb nur noch bedingt gültig. Wird im Winter eine Sanierung durchgeführt, haben die Tiere zwar meist etwas länger Zeit zum Aufwachen und Fliehen als ihre baumbewohnenden Ordnungsgenossen. Trotzdem dürften auch hier Fledermäuse zu Tode kommen.

Brücken sind hingegen seit langem als Winterquartiere bekannt. Sei es in Spalten im Mauerwerk, im Widerlager, in Dehnungsfugen oder anderen Öffnungen. Wie in Gebäudequartieren können auch hier ganzjährig Fledermäuse angetroffen werden, wodurch auch die Problematik dieselbe ist.

Maßnahmen

Müssen Gebäude mit bekannten Fledermausquartieren oder Brücken saniert werden, ist in jedem Fall rechtzeitig eine Fledermausschutz-Fachperson hinzuzuziehen. Nur diese kann die anwesende Art bestimmen und anhand der Bestimmung einschätzen, wann der beste Zeitpunkt für die anstehenden Arbeiten ist und welche flankierenden Maßnahmen nötig sind.

Das können Sie gegen Störungen im Winterschlaf tun

- Verzichten Sie auf den Besuch von Höhlen im Winterhalbjahr.
- Verhalten Sie sich bei allen Höhlenbesuchen ruhig und rücksichtsvoll und verzichten Sie auf das Verbrennen jeglicher Materialien im Höhleninneren.
- Machen Sie Höhlenbesucher oder Behörden, in deren Gemeindegebiet es Höhlen gibt, auf die Problematik aufmerksam und informieren Sie mit Faltblättern der *Schweizerischen Gesellschaft für Höhlenforschung*.
- Meiden Sie Geocaches in potenziellen Fledermausverstecken (Höhlen, Baumhöhlen, Mauerspalten usw.) und setzen Sie sich für deren Entfernung ein.
- Kontaktieren Sie bei begründetem Verdacht auf Fledermausquartiere im Vorfeld zu Baumfällarbeiten oder Gebäudesanierungen rechtzeitig eine Fledermausschutz-Fachperson für weitere Abklärungen.
- Tauchen beim Holzfällen oder bei Sanierungen unerwartet Fledermäuse auf, kontaktieren Sie umgehend das Fledermausschutz-Nottelefon.
- Informieren Sie Försterinnen und Förster und Gemeinden über die Problematik bei Sanierungen und Holzfällarbeiten.

Pestizide

Unter Pestiziden versteht man vom Menschen produzierte Substanzen, welche die Tötung von als lästig oder schädlich geltenden Lebewesen zum Ziel haben. In der Landwirtschaft wird oft auch beschönigend von Pflanzenschutzmitteln gesprochen. Vielen Pestiziden ist gemein, dass sie nicht nur auf die Zielorganismen wirken, sondern auch auf zahlreiche Nichtzielarten – zwar oft in abgeschwächter Form, dafür bereits bei geringsten Konzentrationen. Das bestbekannte Beispiel hierfür ist DDT. Dieses Insektengift wurde wieder vom Markt genommen, als feststand, dass es durch Anreicherung in der Nahrungskette zu brüchigen Eierschalen bei verschiedenen Greifvögeln führte. Insektengifte der Gruppe der Neonicotinoide wiederum führen zu Missbildungen und erhöhter Sterberate bei Hirschkälbern oder Verhaltensstörungen bei Mäusen. Fungizide aus der Gruppe der Triazole führten bei Ratten zu einer Beeinträchtigung der Fortpflanzung. Und das Herbizid Glyphosat und seine Abbaustufen sollen beim Menschen Brustkrebs fördern, die Entwicklung des Geschlechts beeinträchtigen und die Leber schädigen. Diese Liste ließe sich beliebig erweitern.

Über die nicht-tödlichen Auswirkungen von Pestiziden auf Fledermäuse existieren bislang nur wenige Studien. Es ist aber davon auszugehen, dass die negativen Effekte einer Pestizid-Exposition bei Fledermäusen vergleichbar sind mit denen bei anderen Säugetierarten. So fand eine der wenigen Fledermaus-Studien bei chinesischen Hufeisennasenfledermäusen, dass eine Neonicotinoid-Exposition zu gestörtem Orientierungs- und Erinnerungsvermögen der Tiere führte.

Laborversuche mit Hufeisennasen haben gezeigt, dass bereits geringste Dosen des Pestizids Glyphosat zu Orientierungsproblemen und Gedächtnisstörungen führen können.

Wegen ihrer Biologie kommen Fledermäuse auf vielfältige Weise mit Pestiziden in Kontakt. Eine wichtige Rolle spielt hierbei die Nahrung. Zahlreiche Pestizide zielen auf die Eliminierung von «Unkräutern» und «Schadinsekten» ab. Weil sich Fledermäuse von Insekten und anderen Gliederfüßern ernähren und viele Insekten ihrerseits Pflanzen fressen, nehmen die Fledermäuse einen ganzen Cocktail an Insektiziden und Herbiziden auf. Für sie steigt das Risiko einer Exposition, je länger ein Insekt nach dem Kontakt mit dem Gift noch am Leben bleibt. Zu solchen Kontakten mit Pestiziden kann es in Privatgärten kommen, wo sich die Menge angewendeter Pestizide nur schwer beziffern lässt. Sie passieren aber auch auf landwirtschaftlich genutzten Flächen, wo allein in der Schweiz jährlich rund 2100 Tonnen Pestizide zum Einsatz kommen. Diverse Studien legen nahe, dass aus der Landwirtschaft stammende Pestizide in den Schweizer Gewässern in den letzten 20 Jahren einen starken Rückgang von Gliederfüßern wie Insektenlarven oder Flohkrebsen verursachten. Die negativen Auswirkungen dieser Entwicklung bekommen nicht nur Fledermäuse zu spüren: Die Fischfänge in Schweizer Fließgewässern sind seit dem Jahr 2000 um ein Drittel zurückgegangen – bei etwa gleichbleibender Anzahl ausgegebener Fischereipatente.

In der Schweiz ist der Einsatz von Pestiziden auf befestigten Flächen wie diesem Vorplatz verboten.

Selbst der Wald ist trotz Insektizidverbot nicht frei von Insektiziden. Vielerorts verbleiben gefällte Bäume im Wald, bis das geschlagene Holz für die Weiterverarbeitung abtransportiert wird. Zwischen Schlag und Abtransport können mehrere Monate vergehen. Um in dieser Zeit einen Befall der Stämme durch holzfressende Insekten zu verhindern, werden diese mit Insektiziden – vornehmlich Cypermethrin – behandelt. Cypermethrin ist ein hochtoxisches Nervengift, welches neben den Zielorganismen auch verschiedenste Wasserlebewesen und Wirbeltiere schädigt. Zwar wirken geringe Dosen für Letztere oft nicht tödlich, doch können sie Störungen der Embryonalentwicklung sowie der Nerven-, Muskel- und Nierenfunktion hervorrufen. Grundsätzlich ist das Ausbringen von Pestiziden im Wald zwar verboten, es kann aber eine Ausnahmebewilligung beantragt werden. So gelangen jedes Jahr mehrere Hundert Kilogramm an hochgiftigen Pestiziden in die Schweizer Wälder.

Im Wald liegende Rundholzstapel können mit Pestiziden behandelt sein.

Die verwendeten Stoffe können auch ins Wasser gelangen und so weitab von ihrem Ausbringungsort noch negative Auswirkungen auf Flora und Fauna haben.

Auch im Quartier können Fledermäuse mit Pestiziden in Kontakt kommen. Um dem Befall durch Holzwürmer vorzubeugen sowie um diese zu bekämpfen, werden Dachkonstruktionen mit Insektiziden wie Permethrin behandelt; oft ist der Wirkstoff auch Holzlasuren beigemischt. Verschiedene Beobachtungen in der Deutschschweiz legen nahe, dass der direkte Kontakt mit permethrinhaltigen Oberflächen insbesondere für Fledermaus-Jungtiere tödlich sein kann.

Zu guter Letzt können Fledermäuse auch beabsichtigtes Ziel von Pestizideinsätzen sein. Auch wenn es ein Offizialdelikt und gemäß Natur- und Heimatschutzgesetz bei einer Buße von bis zu 20 000 CHF verboten ist, Fledermäuse zu töten, ist davon auszugehen, dass immer wieder als unliebsam empfundene Fledermauskolonien vergiftet werden. Werden dabei Fledermäuse qualvoll oder aus Mutwillen getötet, liegt das Strafmaß gar bei bis zu drei Jahren Freiheitsstrafe.

Fledermäuse können aber auch unter Pestiziden leiden, ohne direkt mit diesen in Kontakt gekommen zu sein. Da ihre Nahrung hauptsächlich aus Insekten besteht, sind sie auf eine ausreichende Insektenbiomasse und -vielfalt angewiesen. Zahlreiche Pestizide zielen aber genau darauf ab, die Biomasse an Insekten zu reduzieren – sind es doch oft die in großen Mengen auftretenden Arten, die bekämpft werden. So nehmen in West- und Mitteleuropa die Insektenbestände teilweise dramatisch ab. Obwohl die Ursachen vielfältig sind, gelten Pestizide als einer der Hauptgründe.

Als Beispiel genannt sei der Einsatz von Bti-Toxin bei der Bekämpfung von Stechmücken. Dabei kommt das Toxin des Bakteriums *Bacillus thuringiensis israelensis* zum Einsatz, das sogenannte Bti. Dieses wird beispielsweise im Tessin großflächig mit dem Helikopter über Feuchtgebieten ausgebracht, um die Larven verschiedener Stechmücken zu töten und so Mückenplagen vorzubeugen. Bti tötet aber nicht nur Stechmückenlarven, sondern auch zahlreiche nicht stechende Zweiflügler. Bei den Zuckmücken beispielsweise beträgt die Todesrate rund 50 Prozent, bei anderen Arten bis zu 98 Prozent. Es liegt auf der Hand, dass ein derartiger Zusammenbruch der Mückenpopulationen schwerwiegende Folgen für die Fledermäuse und andere von Insekten abhängige Tierarten hat.

Neben den Pestiziden setzen wir aber auch unzählige andere Substanzen frei, die für Fledermäuse problematisch sein können. Beispiele hierfür sind hormonaktive Substanzen, wie sie beispielsweise in Plastik, Kosmetika oder Medikamenten vorkommen. Sie dürften auf den Hormonhaushalt von Fledermäusen ähnliche Auswirkungen haben, wie sie zum Teil für andere Wirbeltiergruppen schon bekannt sind.

Rechtsgrundlage

Bevor ein Pestizid eingesetzt werden darf, muss es im Rahmen eines Zulassungsverfahrens geprüft werden. Neben der Wirksamkeit auf die Zielorganismen sollen auch die Risiken auf Mensch, Tier und Umwelt überprüft werden.

Bisher ist die getestete Organismengruppe jedoch klein – die Wirkung auf Fledermäuse oder Amphibien, die sich von Insekten ernähren, wird zum Beispiel gar nicht getestet. Es fehlen zudem Langzeitstudien und Studien über Wechselwirkungen mit anderen Umweltgiften.

Der Einsatz von Pestiziden ist nicht überall erlaubt. So ist zumindest der Einsatz von Herbiziden auf versiegelten Flächen wie Straßen, Wegen, Plätzen, Dächern, Terrassen und in Naturschutzgebieten verboten. Zu Hecken, Feldgehölzen, Gewässern und Grundwasserschutzzonen muss sowohl bei Herbiziden als auch bei anderen Pestizidgruppen ein Mindestabstand eingehalten werden.

Maßnahmen

Der nachhaltigste und einfachste Weg, um Nebenwirkungen von Pestiziden zu eliminieren, führt über einen Verzicht. Ein solcher hilft nicht nur der Natur, der Biodiversität und den Fledermäusen, sondern auch der eigenen Gesundheit und der seiner Mitmenschen. Fast immer gibt es eine giftfreie Alternative. Im Privatgarten werden Pestizide überflüssig, wenn statt weniger und schädlingsanfälliger Pflanzenarten eine große Vielfalt einheimischer Gewächse gepflanzt wird – das gilt für Bäume und Hecken wie auch für Grünflächen. Pflanzen, die einem nicht behagen, können nach guter alter Manier ausgerissen werden.

In der Landwirtschaft gibt es mittlerweile Anstrengungen, den Pestizidverbrauch im Rahmen des 2017 verabschiedeten Aktionsplanes Pflanzenschutzmittel zu reduzieren. Ein großer Teil der Bevölkerung spricht sich gar für einen vollständigen Verzicht von Pestiziden in der Landwirtschaft aus. Bestimmte Pestizide aus der Familie der Pyrethroide und der Neonicotinoide sind besonders langlebig; sie bleiben viele Jahre oder gar Jahrzehnte im Boden oder in Gewässern und können ins Grundwasser gelangen, wo sie kaum mehr wegzubringen sind. Der Einsatz solch langlebiger Pestizide sollte möglichst sofort unterbunden werden.

Zudem ist sicherzustellen, dass die eingesetzten Pestizide an ihrem Zielort verbleiben und weder verweht werden noch in Gewässer gelangen. Die heute vorgeschriebenen Abstände zu Oberflächengewässern dürften allerdings immer noch zu klein sein, um Pestizideinträge durch Auswaschung zu verhindern.

In der Forstwirtschaft kann komplett auf Insektizide verzichtet werden, wenn geschlagenes Holz zeitnah aus dem Wald entnommen und abtransportiert wird.

Für Malerarbeiten am Haus sind, wann immer möglich, fungizid- und insektizidfreie Lacke zu verwenden. Dies gilt insbesondere in unmittelbarer Nähe von Fledermausquartieren.

Holzbehandlungen auf Dachböden sollten auf ein Minimum reduziert werden. Auch hier sollten, wann immer möglich, unbedenkliche Substanzen wie Produkte auf Silikat-, Kaliumsalz- oder Leinölbasis verwendet werden. Um den Durchblick bei all den erhältlichen Präparaten zu behalten, führen die *Schweizerischen Koordinationsstellen für Fledermausschutz* eine Holzschutzmittelliste, welche die gängigen Produkte nach ihrem Risikopotenzial für Fledermäuse kategorisiert. Ebenfalls in Erwägung zu ziehen ist eine Hitzebehandlung befallener Balken.

Auf Dachböden, welche von Fledermäusen bewohnt werden, dürfen alle genannten Behandlungen nur während der Abwesenheit der Tiere durchgeführt werden; auf eine Behandlung der traditionellen Hangplätze innerhalb des Dachbodens ist, wann immer möglich, zu verzichten.

Pestizide können Fledermäusen auf verschiedenen Wegen schaden. Einerseits direkt über den Kontakt, andererseits indirekt über die Dezimierung des Nahrungsangebots. Viele Pestizide sind nicht sehr spezifisch und töten neben den eigentlichen Zielorganismen auch eine Vielzahl anderer Arten. Insbesondere Insektenarten wie Eintagsfliegen, deren Larvenstadien in Gewässern leben, leiden unter übermäßigem Pestizideinsatz.

Bei begründetem Verdacht von geplanter oder realisierter mutwilliger Zerstörung von Fledermausquartieren oder gar Tötung von Fledermäusen müssen die Strafverfolgungsbehörden eingeschaltet werden. Es handelt sich hierbei nämlich um Offizialdelikte, welche die Behörden von Amts wegen verfolgen müssen. Tun sie dies nicht, verletzen sie ihre Amtspflicht. Im Sinne der Deeskalation ist es aber zumeist besser, zuerst das Gespräch mit den Tatverdächtigen zu suchen, idealerweise unter Beizug der kantonalen Fledermausschutz-Beauftragten.

Großflächige Maßnahmen zur Bekämpfung von Insekten durch den Einsatz von Bti und anderen Substanzen sind kritisch zu hinterfragen. Insbesondere wenn es sich bei den Zielinsekten zwar um lästige, nicht aber gefährliche Arten (Zoonosen) handelt, ist von solchen Maßnahmen außerhalb des Siedlungsraumes abzusehen. In Naturschutzgebieten sind sie ganz zu unterlassen.

Das können Sie gegen Pestizide tun

- Verzichten Sie in Haus und Garten auf den Einsatz von Pestiziden und anderen umweltgefährdenden Substanzen – es gibt fast immer eine unschädliche Alternative.
- Können Sie nicht auf Holzschutzmittel verzichten, orientieren Sie sich an der Holzschutzmittelliste der *Schweizerischen Koordinationsstellen für Fledermausschutz.*
- Kaufen Sie bevorzugt Lebensmittel aus biologischem Anbau.
- Stellen Sie als Landwirtin oder Landwirt Ihren Betrieb auf biologische Produktion um.
- Verzichten Sie als Forstmitarbeiterin oder -mitarbeiter auf den Einsatz von Insektiziden an im Wald zwischengelagertem Rundholz. Falls nötig, ändern Sie die gängige Praxis des Zwischenlagerns hin zu einem zügigeren Abtransport.
- Akzeptieren Sie, dass es im Sommer in Gewässernähe zu Mückenaufkommen kommt und dass dies etwas Natürliches und Wichtiges für das gesamte Nahrungsnetz ist.
- Sprechen Sie Verursacher in Ihrem Umkreis wie Unternehmen, Gemeindeverwaltungen oder Nachbarn an und weisen sie auf die Probleme des Pestizideinsatzes, gesetzliche Grundlagen sowie mögliche Alternativen hin.
- Wenn Sie Fragen oder Anregungen zur Vermeidung und Reduktion des Pestizideinsatzes haben, kontaktieren Sie den Fledermausschutz. Die Kontaktdaten ausgewiesener Fachpersonen in Ihrer Region finden Sie im Internet unter *fledermausschutz.ch/kantone.*

Insektensterben

Seit 1990 hat die Biomasse der Insekten vor allem in den Industrieländern infolge von Pestizideinsatz, Intensivierung der Landwirtschaft, Ausräumung der Landschaft, Siedlungsentwicklung und Lichtverschmutzung massiv abgenommen. Zahlreiche Insektenarten sind in diesem unglaublich kurzen Zeitraum ausgestorben, allein in der Schweiz sind es über tausend.

Bei Vögeln des Kulturlandes wirkt sich der Rückgang der Insekten nachweislich direkt in einem verminderten Fortpflanzungserfolg aus. Bei Fledermäusen hingegen sind die Folgen bisher kaum evident, von einem negativen Einfluss des verringerten Nahrungsangebotes auf Fledermäuse ist aber auszugehen. Die Gründe für die fehlende Evidenz liegen einerseits in der speziellen Biologie der Fledermäuse, andererseits in den nach wie vor großen Wissenslücken. So ist bis heute bei den meisten Fledermausarten nicht bekannt, wie groß ihre Bestände sind, lediglich ihre Verbreitung wird periodisch erfasst. Da Fledermäuse über 30 Jahre alt werden können, zeigen sich die Folgen des Insektenrückgangs in Form von Arealverlusten unter Umständen erst 30 Jahre später. Denn auch wenn sich eine Fledermaus 30 Jahre lang infolge Nahrungsmangels nicht erfolgreich fortpflanzt, kann die Art noch nachgewiesen werden, auch wenn ihre Bestände inzwischen massiv ausgedünnt sind. Über die alleinige Überwachung der Verbreitung lassen sich solche schleichenden Aussterbeereignisse nicht registrieren, die Veränderung wird meist erst bemerkt, wenn es bereits zu spät ist.

Der Maikäfer wird in der Schweiz bekämpft. Wo seine Bestände fast vollständig erloschen sind, gibt es auch nur noch wenige Breitflügelfledermäuse, eine mehrheitlich auf Großinsekten spezialisierte Fledermausart. Es ist davon auszugehen, dass der Rückgang der Art auf der Alpennordseite auch mit dem Rückgang der wichtigen Nahrungsquelle Maikäfer zu tun hat.

Etablierung neuer Arten

Die Verbreitung und Häufigkeit von Arten auf der Erde unterlagen schon immer starken Schwankungen. Arten entstehen, breiten sich aus und ziehen sich wieder zurück oder sterben aus. In den letzten Jahrzehnten haben sich diese Abläufe durch menschengemachte Einflüsse dramatisch beschleunigt. Das Artensterben nimmt bisher nie gekannte Ausmaße an, und die Rote Liste der bedrohten Arten wird jedes Jahr länger. Andererseits gibt es auch Arten, die ihr Verbreitungsareal dank menschlicher Aktivitäten vergrößern. Gründe sind zum Beispiel der Klimawandel oder der weltweite Handel mit Gütern, Pflanzen und Tieren.

Die Weißrandfledermaus hat in den letzten 20 Jahren weite Teile der Schweiz besiedelt und dabei mancherorts die Zwergfledermaus verdrängt.

Das Auftreten neuer Arten führt fast immer zu einem Ungleichgewicht in einem etablierten Ökosystem, welches sich mit der Zeit wieder einpendelt. Möglicherweise besetzt die neue Art eine bisher unbesetzte ökologische Nische, sodass sie mit den etablierten Arten koexistieren kann. Hat sie aber zu ähnliche Ansprüche an die Umwelt wie eine etablierte, einheimische Art, kann es zu einer Verdrängung oder sogar zum Aussterben kommen. Stark spezialisierte Arten sind meist besonders betroffen, weil sie anders als Generalisten nicht in der Lage sind, sich an veränderte Bedingungen anzupassen. Ein gutes Beispiel für eine sich ausbreitende Art ist die Weißrandfledermaus. Sie gehört wie die Zwergfledermaus zur Gattung *Pipistrellus*, sieht dieser sehr ähnlich und hat in etwa dieselben Ansprüche an ihren Lebensraum. Allerdings wird sie durchschnittlich etwas größer und hat einen größeren Wärmebedarf als ihre Schwesterart. Wohl nicht zuletzt wegen dieses Wärmebedarfs liegt ihr Hauptverbreitungsgebiet rund ums Mittelmeer, also südlich der Alpen. Bereits vor rund 30 Jahren wurden jedoch einzelne Individuen der Art auch nördlich der Alpen gefunden, so 1988 in Genf, 1990 in Zürich und 1994 in Biel. Diese Nachweise beschränkten sich aber vornehmlich auf Städte, welche etwas wärmer sind als die umliegenden Gebiete. Ab der Jahrtausendwende begann sich die Art auszubreiten. Heute kommt sie in praktisch allen Städten und entlang der Gewässer der tieferen Lagen vor. Als Grund für diese Ausbreitung werden meist die überdurchschnittlich warmen Winter der letzten 20 Jahre genannt. Gegenwärtig deutet

Arealausdehnung der Weißrandfledermaus in der Schweiz über die letzten 30 Jahre.

1990

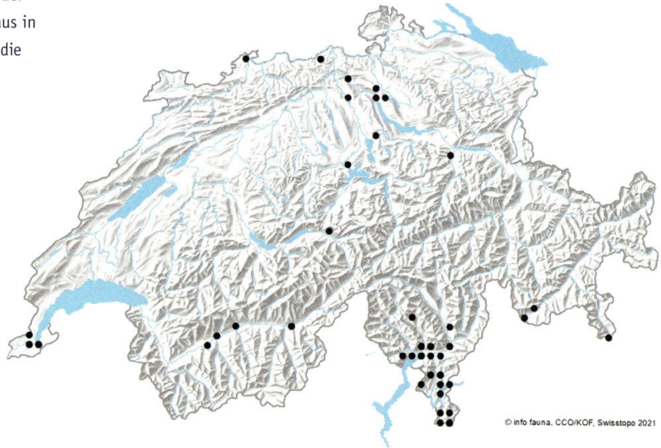

2000

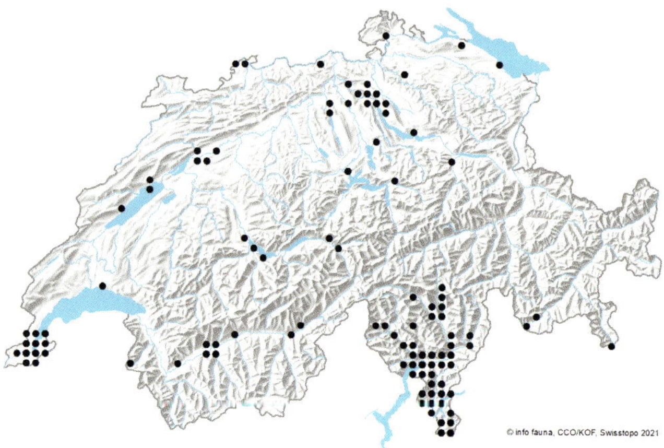

2020

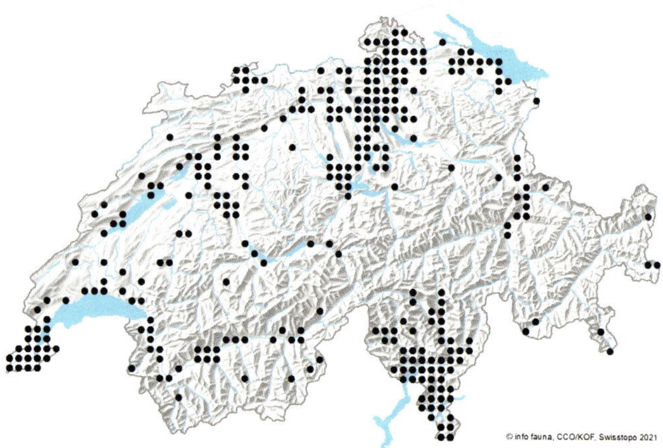

vieles darauf hin, dass die Weißrandfledermaus in verschiedenen Regionen der Schweiz dabei ist, die Zwergfledermaus als häufigste Art abzulösen. Auch sieht es danach aus, dass dies nicht zu einer generellen Bestandszunahme der Fledermäuse führt, sondern dass die konkurrenzstärkere und wohl auch etwas hitzetolerantere Weißrandfledermaus ihre Schwesterart verdrängt. So sind beispielsweise in Zürich viele Quartiere, die früher von Zwergfledermäusen bewohnt wurden, nun von Weißrandfledermäusen besetzt. Bei dieser Entwicklung könnte es also auf ein Nullsummenspiel zu Lasten der Zwergfledermaus hinauslaufen. Weitere Arten, die sich gegenwärtig in Ausbreitung befinden, sind beispielsweise die Rauhaut- und die Alpenfledermaus. Bei ihnen konnten Effekte auf andere Arten wie oben beschrieben jedoch bisher noch nicht festgestellt werden.

Maßnahmen

Inwiefern gegen die Etablierung neuer Arten vorgegangen werden soll, wird auch unter Artenschützerinnen und -schützern immer wieder kontrovers diskutiert. Heute herrscht weitgehend Konsens darüber, dass Arten, welche selbstständig einwandern, grundsätzlich nicht bekämpft werden sollen. Eingeschlossen sind dabei auch Arten, die aufgrund des menschengemachten Klimawandels bei uns Fuß fassen.

Anders sieht es aus bei Arten, welche aus Haltungen entwichen sind, unabsichtlich eingeschleppt oder illegal und bewusst ausgesetzt wurden. Sie breiten sich oft viel schneller aus als selbstständig einwandernde Arten, wodurch sie der heimischen Flora und Fauna kaum Zeit lassen, sich an die neue Konkurrenz anzupassen. Aus Sicht des Artenschutzes sollten solche gebietsfremden Arten schnellstmöglich wieder der Natur entnommen werden, um einheimische Arten nicht zu gefährden. Mehrere Gesetze und Verordnungen stützen diese Auslegung. Bei den Wirbeltieren sind dies im Wesentlichen je nach Tiergruppe das Umweltschutzgesetz mit der Freisetzungsverordnung, das Natur- und Heimatschutzgesetz sowie das Jagd- und Schutzgesetz. In allen Fällen sind für deren Umsetzung die zuständigen kantonalen Ämter verantwortlich.

Bisher sind in unseren Breiten keine invasiven Fledermausarten bekannt. So breitete sich auch die Weißrandfledermaus ohne menschliches Zutun nördlich der Alpen aus; sie ist wie alle anderen Fledermausarten geschützt.

Invasive Arten

Auch menschliche Handlungen, welche zunächst nichts mit Fledermäusen zu tun zu haben scheinen, können sich nachteilig auf ganze Fledermauspopulationen auswirken, wie das folgende Beispiel aus Spanien zeigt. Im Jahr 1992 wurden im Park María Luisa in Sevilla zehn Halsbandsittiche illegal ausgesetzt. Der Halsbandsittich kommt ursprünglich aus Afrika und Asien und ist ein beliebter Ziervogel. Aus den ursprünglich zehn Tieren in Sevilla wurden bis heute mehr als 2000 – und der Bestand steigt weiter. In Europa gehört der Halsbandsittich auch deshalb zu den problematischsten invasiven Arten. Wie die meisten Papageien sind sie Höhlenbrüter, welche zum Schlafen und zur Jungenaufzucht bevorzugt Baumhöhlen nutzen – Baumhöhlen, die in Sevilla bereits von einheimischen Tierarten bewohnt wurden. Im Park María Luisa lebte nämlich auch Europas bedeutendste Kolonie des Riesenabendseglers. Obwohl er die größte Fledermausart Europas ist, hat er den aggressiven Halsbandsittichen wenig entgegenzusetzen. Regelmäßig werden Riesenabendsegler nämlich von den Halsbandsittichen aus ihren Höhlen gezerrt und dabei tödlich verletzt. Niemand weiß genau, wie viele Riesenabendsegler noch in dem Park verbleiben. Klar ist aber, dass innerhalb der letzten 15 Jahre fast alle ehemals von Riesenabendseglern bewohnten Baumhöhlen nun von Halsbandsittichen besetzt sind. In der Umgebung von Sevilla gibt es zwar noch mehrere, wenn auch deutlich kleinere Wochenstubenkolonien des Riesenabendseglers. Wie lange sich diese aber noch halten können, wenn die Ausbreitung des Halsbandsittichs derart ungebremst weitergeht, ist ungewiss.

Der eingeführte Halsbandsittich kann wegen seiner Vorliebe für Baumhöhlen einheimische Fledermausarten verdrängen.

Infrastrukturbauten

Straßen, Schienen, Brücken, Unterführungen, Tunnel, Kanalisation oder Kanäle inklusive zugehöriger Beleuchtungen sind Teile der Verkehrsinfrastruktur. Sie können Fledermäuse in vielerlei Hinsicht negativ, unter Umständen aber auch positiv beeinflussen.

Kollisionen

Der offensichtlichste negative Einfluss von Infrastrukturbauten auf Fledermäuse sind Kollisionen mit Fahrzeugen. Kollisionen treten beim bodennahen Überfliegen von Straßen und Bahnlinien auf. Fledermäuse orientieren sich anhand der Echos ihrer Ultraschallrufe. Damit der Schall möglichst weit kommt, werden die Rufe in einem engen Schallkegel nach vorne ausgesendet. Außerhalb dieses Schallkegels sind Fledermäuse «hörblind». Queren sie eine Fahrbahn, kann ihr Echoortungssystem schnell herannahende Fahrzeuge nicht erfassen und es kommt zur Kollision.

Das Ausmaß der Verluste bei Fledermäusen durch Kollisionen ist weitgehend unbekannt, da bisher nur stichprobenartige Untersuchungen vorliegen. Auf wenigen Kilometern Autobahn können aber mehr als 100 Fledermäuse pro Jahr getötet werden, was wegen ihrer geringen Fortpflanzungsrate zu einem lokalen Aussterben von betroffenen Fledermauspopulationen führen könnte.

Insbesondere langsam und strukturnah fliegende Arten wie Langohren werden häufig Opfer des Straßenverkehrs.

Licht

Beleuchtete Infrastrukturbauten können verhindern, dass strukturgebundene und lichtsensible Fledermausarten Straßen und Schienen queren. Ihre Flugkorridore können stark beeinträchtigt werden, Jagdgebiete können fragmentiert oder gar unerreichbar werden.

Eine nächtliche Beleuchtung kann aber auch lichttolerantere Fledermausarten anziehen, welche ihren Beuteinsekten zum Licht hin folgen. Weil die künstliche Beleuchtung die Beuteinsekten in ihrem natürlichen Verhalten beeinträchtigt und sich diese dadurch weniger fortpflanzen, kann sich durch zu viel Kunstlicht mittelfristig das Futterangebot für Fledermäuse aber verringern.

Lärm

Größere Straßenprojekte können die Fledermausaktivität der Umgebung bis zu einer Distanz von 1,5 Kilometer negativ beeinflussen, weil der Verkehrslärm das sensible Echoortungssystem der Fledermäuse beeinträchtigt. So können beispielsweise Eigengeräusche der Beutetiere übertönt werden, was den Jagderfolg von manchen Fledermausarten schmälert.

Quartiere

Insbesondere Brücken bieten in Dehnungsfugen, Hohlkörpern oder Mauerwerk oft eine Vielzahl an Quartiermöglichkeiten. Bei Neubau-, Erweiterungs- und Sanierungsarbeiten können diese Quartiere zerstört werden. Weiter besteht das Risiko, dass bei Rodungen Höhlenbäume mit Fledermausquartieren gefällt werden.

Straßen, Bahnlinien und die dazugehörigen Beleuchtungen können Fledermauslebensräume stark fragmentieren.

Lösungsansätze

Da meist unbekannt ist, wie Fledermäuse die Umgebung von Infrastrukturbauten nutzen, sollte bei jedem Projekt im Vorfeld das Konfliktpotenzial durch den Fledermausschutz abgeklärt werden. So sollten Fledermausschutz-Fachpersonen zum Beispiel Brücken vor deren Sanierung auf bestehende Fledermausvorkommen hin kontrollieren, sofern solche nicht schon bekannt sind. Dasselbe gilt für Höhlenbäume bei geplanten Rodungen.

Überdies sollten die Auswirkungen von Verkehr, Beleuchtung, Rodungen und weiteren Störungen in einer Vorher-nachher-Analyse abgeklärt und bei Bedarf Maßnahmen umgesetzt werden, um negative Einflüsse zu vermeiden, zu vermindern oder zu kompensieren.

Wann immer möglich und sinnvoll, sollten insbesondere an Brücken neue Quartiere geschaffen werden – sei es in Form von Fledermauskästen oder durch das Zugänglichmachen von Brückenhohlkörpern.

An Brücken können Fledermauskästen ein geeigneter Ersatz von Quartieren sein, die durch Sanierungsarbeiten zerstört wurden.

Wildtierbrücken oder Unterführungen können fledermausfreundlich gestaltet werden, indem man sie mit bestehenden Strukturen in der Umgebung vernetzt, beispielsweise durch die Pflanzung von zuführenden Hecken. Diese müssen jedoch auch gegen das durch den Verkehr verursachte Licht abgeschirmt werden. Wo Konflikte vorliegen, soll das Beleuchtungskonzept angepasst oder der Verzicht auf Beleuchtungen geprüft werden. So soll nur dort beleuchtet werden, wo es unbedingt nötig ist, und es sollten gezielt ausgerichtete Leuchtmittel mit möglichst langwelligem, warmem Licht eingesetzt werden. Man kann aber auch Beleuchtungen mit intelligenten Abschaltregimen prüfen, die zum Beispiel nur bei Verkehr einschalten oder mit fortschreitender Nacht die Lichtstärke reduzieren.

Wildtierbrücken werden zwar in erster Linie für bodenlebende Säugetiere gebaut. Wenn sie aber ausreichend bepflanzt und mit umliegenden Strukturen vernetzt sind, werden sie auch von Fledermäusen gerne angenommen.

Rolle des Fledermausschutzes

Die mit dem gesetzlichen Schutz beauftragten Personen und Institutionen beraten auf wissenschaftlicher Grundlage sämtliche Stakeholder bei der gesetzeskonformen Umsetzung von Infrastrukturprojekten. Zum Leistungsumfang gehören:

- Beratung von Projektplanerinnen und -planern, Behörden und Umweltbüros, welche Umweltbaubegleitungen durchführen
- Durchführung und Validierung von standardisierten Vorabklärungen hinsichtlich potenzieller Konflikte
- Validierung von Umweltverträglichkeitsberichten und Erfolgskontrollen
- Mitgliedschaft in Begleitkommissionen im Rahmen der Umsetzungs- und Erfolgskontrolle von Maßnahmen
- Fachliche Gutachten bei Einsprachen gegen Infrastrukturprojekte

Windenergieanlagen

Anfang der 2000er-Jahre stellte man fest, dass Fledermäuse von den drehenden Rotoren von Windenergieanlagen erschlagen oder durch große Luftdruckunterschiede in nächster Nähe der Rotoren getötet werden können. Offensichtlich sind Fledermäuse kaum in der Lage, die Rotoren als Gefahr zu erkennen und rechtzeitig auszuweichen. Je mehr Anlagen eine Fledermaus passieren muss und je länger sie sich nahe einer Anlage aufhält, desto höher ist die Wahrscheinlichkeit, dass sie getötet wird.

Fledermäuse orientieren sich an den Echos ihrer Ultraschallrufe. Da die Reichweite von Ultraschall grundsätzlich geringer ist als von für uns Menschen hörbarem Schall, rufen Fledermäuse nicht nur laut, sondern auch in einem engen, nach vorne gerichteten Schallkegel, um die Reichweite zu erhöhen. Dabei wird das Wahrnehmungsfeld eingeschränkt, die Fledermaus ist «hörblind» für Objekte außerhalb dieses Schallkegels. Da die Rotoren von Windenergieanlagen mit unglaublich hohen Geschwindigkeiten von bis zu 300 Kilometern pro Stunde drehen, können sie mit dem Echoortungssystem nicht rechtzeitig erkannt werden, wenn sie durch das Wahrnehmungsfeld einer Fledermaus rasen.

Nach dem Natur- und Heimatschutzgesetz NHG ist es verboten, Fledermäuse zu töten. Zudem gelten die in der Bundesverfassung verankerten Prinzipien von Nachhaltigkeit und Vorsorge. Betreiber von Windenergieanlagen haben deshalb sicherzustellen, dass keine Fledermäuse durch den Betrieb ihrer Anlagen getötet werden. Aber auch andere negative Auswirkungen müssen verhindert werden. Das NHG unterliegt jedoch auch der Interessenabwägung. So ist heute generell akzeptiert, dass Windkraftanlagen einen Teil des Strombedarfs decken und somit zur Energiewende beitragen können, um die Klimaerwärmung zu reduzieren. Ziel ist es deshalb, möglichst keine Fledermäuse zu töten oder anderweitig zu beeinträchtigen – und gleichzeitig den Betrieb von Windenergieanlagen an dafür geeigneten Standorten zu ermöglichen.

Windenergieanlagen können für Fledermäuse zur tödlichen Falle werden.

Lösungsansätze

Die Aktivität von Fledermäusen nimmt mit zunehmender Windgeschwindigkeit und zunehmender Höhe über Boden ab. Rotoren von Windenergieanlagen sollen demnach möglichst hoch sein und an windreichen Standorten installiert werden, da gleichzeitig mit zunehmender Windgeschwindigkeit der Energieertrag exponentiell ansteigt. Schaltet man also die Anlagen bei geringen Windgeschwindigkeiten ab, wenn sich Fledermäuse in deren Nähe aufhalten, ist einerseits der Produktionsausfall der Anlage und andererseits die Totschlagrate von Fledermäusen grundsätzlich gering.

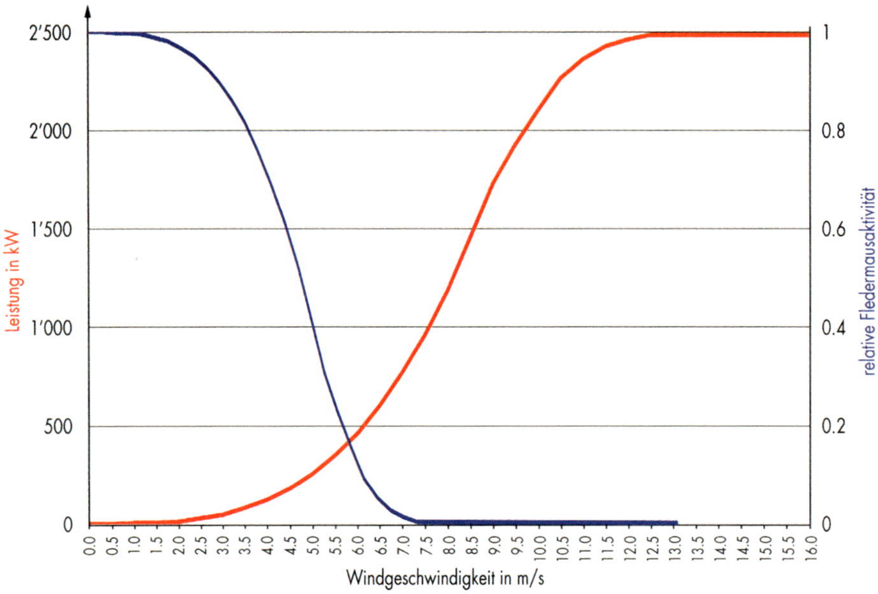

Leistungskurve (rot) einer 2,5-MW-Windenergieanlage (WEA) und erwartete Fledermausaktivität (blau), jeweils in Abhängigkeit der Windgeschwindigkeit. Mit zunehmender Windgeschwindigkeit nimmt die Leistung exponentiell zu und die Fledermausaktivität exponentiell ab. Bei Windgeschwindigkeiten von 6,5 m/s beträgt die Fledermausaktivität oft nur noch 5–10 % der möglichen Maxima. Totschläge können ohne große Ertragsverluste weitgehend verhindert werden, wenn die WEA in Nächten mit Fledermausaktivität erst bei diesen Windgeschwindigkeiten eingeschaltet werden. Je nach Standort kann die Aktivität der Fledermäuse aber auch von diesem Muster abweichen, insbesondere wenn ziehende Fledermausarten betroffen sind.

Dieser Ansatz des Abschaltens bei hoher Fledermausaktivität ist verlockend einfach. Jedoch hat es in der Schweiz außer auf dem Jura und in den Alpen eher wenig Wind, weshalb eventuelle Betriebseinschränkungen an windarmen Standorten einen wirtschaftlichen Betrieb trotz Fördergeldern gefährden können. Es halten sich zudem nicht an allen Windenergiestandorten gleich viele Fledermäuse auf, und ziehende Fledermausarten fliegen auch bei höheren Windgeschwindigkeiten. Überdies ist leider wegen ihrer versteckten Lebensweise meist unbekannt, wo, wann und in welcher Anzahl sich Fledermäuse an potenziellen Windenergiestandorten aufhalten.

Dies führt dazu, dass heute an fast jedem Standort vor dem Bau zuerst die Fledermausaktivität in Abhängigkeit von Umweltvariablen wie Windgeschwindigkeit, Temperatur und Niederschlag erfasst und aus den Ergebnissen ein Algorithmus berechnet wird, der die Anlage bei erwarteter Fledermausaktivität abschalten soll. Im Rahmen der Baubewilligung werden eine mehrjährige Erfolgskontrolle, damit man den Algorithmus bei Bedarf noch anpassen kann, und die Einhaltung des Abschaltregimes verlangt.

Vermeiden – vermindern – kompensieren

Windparkprojekte ab einer Leistung von 3 Megawatt (MW) müssen eine Umweltverträglichkeitsprüfung (UVP) durchlaufen, damit sie bewilligungsfähig werden können. Nach dem generellen hierarchischen Prinzip vermeiden – vermindern – kompensieren sollen negative Einflüsse auf die Umwelt möglichst reduziert werden.

Vermeiden: Durch die Wahl von geeigneten Standorten mit viel Wind und wenig Fledermausaktivität sollen negative Auswirkungen auf Fledermäuse möglichst vermieden und der Stromertrag deutlich gesteigert werden.

Vermindern: Durch Abschaltalgorithmen, welche die Anlagen bei einer erwarteten Fledermausaktivität abschalten, soll die Totschlagrate deutlich vermindert werden.

Kompensieren: Durch geeignete Maßnahmen sollen eine unvermeidliche Restmortalität und weitere negative Einflüsse wie Rodungen von Baumhöhlenbäumen kompensiert werden.

Der Bau von Windenergieanlagen macht aus Sicht des Fledermausschutzes nur an Standorten Sinn, an denen im Jahresverlauf größtenteils Windgeschwindigkeiten von über 6 m/s herrschen.

Wissenslücken und ungelöste Probleme

Die zurzeit ergriffenen Maßnahmen zur Reduktion der negativen Einflüsse auf Fledermäuse beinhalten mehrere Unsicherheiten und ungelöste Probleme, die in Angriff genommen werden müssen.

Effektive und erwartete Fledermausaktivität

Heute werden Windenergieanlagen nicht bei einer effektiven Fledermausaktivität abgeschaltet, sondern bei einer erwarteten. Sind Fledermäuse nicht dann aktiv, wie es aufgrund der Untersuchung erwartet wird, dann können sie trotzdem Opfer von Windenergieanlagen werden, wenn die Anlage läuft. Umgekehrt könnte ein Betreiber seine Anlage abschalten (müssen), obwohl keine Fledermäuse da sind. Beide Effekte sind unerwünscht. Man forscht daher seit mehreren Jahren an der Echtzeiterfassung von Fledermäusen mit Wärmebildern, Ultraschalldetektoren, Lidar- oder Radarerfassungen. Bisher sind aber die Ansätze entweder wegen der hohen Kosten gescheitert oder sie erfassen Fledermäuse zu wenig präzise. Zudem können große Anlagen nicht binnen weniger Sekunden abgeschaltet werden. Sich nähernde Fledermäuse könnten deshalb erschlagen werden, bevor die Rotoren stillstehen.

Unbekannte Bestandsgrößen

Leider wissen wir immer noch wenig über die Bestandsgrößen unserer einheimischen Fledermausarten; diese sind nur für wenige Arten bekannt. Solche Kenntnisse sind jedoch grundlegend, um berechnen zu können, welche Totschlagrate für einen bestimmten Fledermausbestand in einer bestimmten Region toleriert werden kann, damit der Bestand nicht gefährdet wird. Bei Arten mit einem großen Bestand kann eine höhere Totschlagrate toleriert werden als bei Arten mit einem kleinen.

Um diese unbefriedigende Unkenntnis zu kompensieren, wird das Konzept der Rote-Liste-Arten und der *National Prioritären Arten* herangezogen: Bei Arten dieser Listen sind aus Sicht des Fledermausschutzes weniger Todesfälle tolerierbar als bei häufigen und somit nicht bedrohten Arten. Ohne Kenntnis der Bestandsgrößen ist es jedoch auch damit nicht möglich vorherzusagen, wie hoch die Totschlagrate sein darf, um einen Bestand nicht zu gefährden. Somit kann in Bezug auf Fledermäuse und Windenergie grundsätzlich weder das Nachhaltigkeits- noch das Vorsorgeprinzip zufriedenstellend umgesetzt werden, obwohl beide in der Bundesverfassung verankert sind.

Hoher Erfassungsaufwand

Die Erfassung von Fledermäusen und ihrer Totschlagraten sind aufwendig und teuer. Die Entwicklung von Werkzeugen zur exakten, aber dennoch wirtschaftlich tragbaren Überwachung von Totschlagraten hat deshalb hohe Priorität.

Schlagopfersuchen mit ausgebildeten Suchhunden sind deutlich effektiver als solche nur mit Menschen, nichtsdestotrotz sind sie immer noch aufwendig.

Attraktionswirkung von Windenergieanlagen

Mehrere wissenschaftliche Arbeiten bestätigen, dass Fledermäuse gezielt auf Windenergieanlagen zufliegen. Die möglichen Erklärungen hierfür sind vielfältig: Große Anlagen bilden in der Dämmerung visuelle Orientierungspunkte am Horizont, Fledermäuse suchen nach Unterschlüpfen, weil sie die Masten für riesige Bäume mit möglichen Baumhöhlen halten, oder dämmerungsaktive Insekten fliegen auf die Anlagen zu, was wiederum jagende Fledermäuse anlocken kann. Da Untersuchungen zur Fledermausaktivität durchgeführt werden müssen, bevor die Anlage steht, können diese unter Umständen eine zu geringe Aktivität feststellen. Abschaltalgorithmen müssen deshalb über mehrere Jahre hinsichtlich ihrer Wirkung geprüft werden.

Ungewisser Nutzen der Kompensationsmaßnahmen

Um unvermeidliche, negative Auswirkungen von Windenergieanlagen auf Fledermäuse zu kompensieren, werden heute Bäume und Hecken gepflanzt, Teiche angelegt, Trockenwiesen gefördert oder Fledermauskästen aufgehängt. Bis heute wurde allerdings kaum geprüft, ob diese Maßnahmen zielführend sind und den betroffenen Fledermausarten tatsächlich helfen können.

Gemäß dem Vorsorgeprinzip müssen die Betreiber für die Vermeidung und Beseitigung von Schäden aufkommen, die durch ihre Anlagen verursacht werden. Dazu gehört sowohl die Umsetzung von allfälligen Kompensationsmaßnahmen als auch die Wirkungskontrolle. Für eine gewissenhafte Untersuchung werden aber einerseits die Budgets zu knapp berechnet, andererseits fehlen meist grundlegende Informationen zu Bestandsgrößen.

Prüfung von Maßnahmen

Behörden haben oft zu wenig Ressourcen, um die Umsetzung der verordneten Maßnahmen zur Verminderung und zur Kompensation von negativen Einflüssen zu prüfen. So ist es in der Praxis oft Zufall, wenn Verstöße gegen die Auflagen von Baubewilligungen entdeckt und geahndet werden.

Kumulative Effekte

Wird neben einem bestehenden Windpark ein zweiter gebaut, verdoppeln sich die negativen Effekte für die in der Region beheimateten oder durchziehenden Fledermäuse. Entsprechend müsste mit der Planung jedes Windparks die Gesamtsituation neu beurteilt und dabei auch bereits bestehende Parks miteinbezogen werden. Aus Gründen der Planungssicherheit ist es bei bestehenden Windparks jedoch meist nicht möglich, allfällige Auflagen im Nachhinein zu verschärfen.

Rolle des Fledermausschutzes

Die mit dem gesetzlichen Schutz beauftragten Organe verstehen sich als unabhängige wissenschaftliche Institution, die sämtliche Stakeholder bei der gesetzeskonformen Umsetzung von Windkraftprojekten berät. Zum Leistungsumfang gehören:

- Beratung von Projektplanerinnen und -planern, Behörden und Umweltbüros, welche UVPs durchführen
- Durchführung und Validierung von standardisierten Vorabklärungen im Rahmen einer Erstabklärung zu potenziellen Konflikten
- Validierung von Umweltverträglichkeitsbericht und Erfolgskontrollen
- Mitgliedschaft in Begleitkommissionen im Rahmen der Umsetzungs- und Erfolgskontrolle von Maßnahmen
- Fachliche Gutachten bei Einsprachen gegen Windenergieprojekte

Klimawandel

Die Verbreitung einer Art wird oft von geografischen Barrieren wie Meeren, großen Flüssen oder hohen Gebirgen eingeschränkt. Eine wesentliche Rolle spielt aber auch das Klima. So hat jede Art spezifische Ansprüche mit unterschiedlich großen Toleranzbereichen, beispielsweise an die Jahresniederschlagsmenge oder die durchschnittliche Maximal- oder Minimaltemperatur.

Wegen ihrer Kleinheit (siehe Kapitel «Wärmeregulation» und «Quartiere») und ihrer Abhängigkeit von Insekten und anderen Gliederfüßern haben Fledermäuse ein relativ großes Wärmebedürfnis. Die Fähigkeit, Winterschlaf zu halten und so den Energiebedarf im Winter stark zu reduzieren, ermöglicht es ihnen, auch gemäßigte Breiten mit kalten Wintern zu besiedeln. Dabei kann die Länge des Winters großen Einfluss auf die Verbreitung haben, weil die Reserven für den Winterschlaf limitiert sind. Vermutlich aus diesem Grund migrieren einige Arten für den Winterschlaf in Gebiete mit kürzeren Wintern. Durch die Klimaerwärmung verkürzen sich nun aber in ganz Europa die Winter: In Deutschland waren sie beispielsweise in den letzten 30 Jahren durchschnittlich fast drei Wochen kürzer als in den 30 Jahren davor. Kürzere Winter bedeuten für Fledermäuse mehr Zeit zur Nahrungssuche und damit einhergehend ein geringeres Risiko, während des Winters zu verhungern. Die Klimaerwärmung führt somit dazu, dass Fledermäuse in nördlichere Breiten vordringen können. Entsprechend geht man davon aus, dass die gegenwärtigen gebietsweisen Bestandszunahmen mediterraner Arten wie Weißrand-, Alpen- und Wimperfledermaus in erster Linie auf die Klimaerwärmung zurückzuführen sind. Dasselbe gilt für die Ausdehnung des Verbreitungsgebiets des Großen Abendseglers in Russland in Richtung Nordosten.

Am Südrand ihrer Verbreitung kann der Klimawandel für diese Arten aber das Gegenteil bewirken. Steigende Temperaturen und sinkende Niederschlagsmengen können sich einerseits negativ auf das Futterangebot auswirken, andererseits aber auch traditionelle Quartiere unbewohnbar machen, weil diese zu heiß werden. Zudem müssen Fledermäuse regelmäßig trinken, weshalb auch die Verfügbarkeit von Wasserstellen limitierend sein dürfte.

Steigende Temperaturen können weite Landstriche für Fledermäuse unbewohnbar machen.

Der Klimawandel kann sich auch auf den Fortpflanzungserfolg auswirken. In den letzten Jahren wurde der Frühling nördlich der Alpen deutlich niederschlagsreicher. Mehr Niederschlag bedeutet weniger Nächte mit geeignetem Wetter für die Nahrungssuche. Da sich Embryonalentwicklung und Geburt auf den Zeitraum von April bis Juni konzentrieren und der Energiebedarf der Weibchen in dieser Zeit entsprechend hoch ist, führen längere Schlechtwetterperioden in dieser Jahreszeit häufig zur Abstoßung des Embryos – oder die Jungtiere verhungern, weil die Mütter nicht genügend Milch geben können. So führte der extrem regenreiche Sommer 2021 bei vielen einheimischen Arten wohl fast zu einem Totalausfall bei den Jungtieren. Die Bestände können sich mit der Zeit davon erholen. Wenn solche Extremereignisse aber anstatt wie bisher alle 30 nun womöglich alle fünf Jahre auftreten, wie es Klimatologen voraussagen, dürften die Fledermausbestände mittel- und langfristig abnehmen.

In unseren Breiten könnten sich zunehmende Niederschlagsmengen im Frühsommer negativ auf den Fortpflanzungserfolg der Fledermäuse auswirken.

Maßnahmen

Die Maßnahmen, um den Klimawandel zu bremsen, sind hinlänglich bekannt: Verzicht einerseits und neue Technologien andererseits sind die wichtigsten Stichworte. Dabei müssen verschiedene Zielkonflikte gelöst werden. So kann beispielsweise die Windenergie einen Teil der fossilen Brennstoffe ersetzen und den Klimawandel bremsen. Jedoch dürfen die Windräder keine negativen Einflüsse auf die Biodiversität haben.

Dank

An diesem Buch haben indirekt unzählige Personen mitgearbeitet. Es gibt das Wissen wieder, welches diese Personen über die letzten Jahrzehnte gesammelt haben zu der Lebensraumnutzung von Fledermäusen, zu den mit dieser einhergehenden Herausforderungen sowie zu möglichen Lösungsansätzen. So floss beispielsweise die zum Teil mehr als 30-jährige Erfahrung der Kantonalen Fledermausschutz-Beauftragten und ihrer ehrenamtlich Mitarbeitenden ein. Aber auch die Kenntnisse aus dem Betrieb der *Schweizerischen Koordinationsstelle für Fledermausschutz*, welche vom *Bundesamt für Umwelt* BAFU maßgeblich finanziell unterstützt wird, bildeten eine wichtige Grundlage. All diesen Institutionen und Personen gebührt großer Dank!

Das aufwendige Zusammentragen und Niederschreiben dieses Wissens wurde durch Stiftungen und Private unterstützt. Folgenden Institutionen und Personengruppen danken wir herzlich für die finanzielle Unterstützung:

Freundeskreis der Stiftung Fledermausschutz

stiftungfledermausschutz

Ernst Göhner-Stiftung

ERNST GÖHNER STIFTUNG

Zigerli Hegi Stiftung

Otto Gamma Stiftung

Paul Schiller Stiftung, Zürich

Paul Schiller Stiftung

Bildnachweis

Sämtliche Fotos und Grafiken von der *Stiftung Fledermausschutz*, mit Ausnahme der Abbildungen auf folgenden Seiten:

Umschlag, Hintergrundbild
Flickr/Jonas Grimsgaard, mit freundlicher Genehmigung

7	René Güttinger
8 unten rechts	Samuel Betschart
13	René Güttinger
14	Flickr/Donald Hobern/ CC BY-SA 2.0
16	SWILD/WSL/SSF
22 oben	Michael Erhardt
32	Pixabay/visuals3Dde
35 oben	Fabio Bontadina
38 oben	Anouk Taucher/swild.ch
51	René Güttinger
56 oben	Marzia Mattei-Roesli
61 oben	BirdLife Schweiz
63	Flickr/Andy Harbach/ CC BY-SA 2.0
76	Pixabay
77 unten, beide	Bundesamts für Landes- topografie swisstopo
80 oben	quadra gmbh
80 unten	Stadtökologie Baden
83	Pixabay/Dimitris Vetsikas
89	Wikimedia Commons/ Z thomas/CC BY-SA 4.0
92	Marzia Mattei-Roesli
101	Karin Safi
103	Kurt Bader
105	Pixabay/StockSnap
110	Pixabay/Sven Schmidt
114	Dark-Sky Switzerland
119 alle	Hansueli Alder
122 oben	Karin Rauchenstein
126 Mitte	Katja Rauchenstein
130	Blickwinkel/M. Henning
132	Pixabay
134	Pixabay/Eveline de Bruin

135 oben	Shutterstock/Rudmer Zwerver
137	Pixabay/Philip Williams
143 links	Hans Kessler
143 rechts	Martin Trüssel/ NeKO-Stiftung
146	Max Pixel, CC0 1.0
150	Piqsels
152	Pixabay/Erik Karits
154	Pixabay/mkoziol
155	Blickwinkel/AGAMI/ T. Douma
156 alle	info fauna, CCO/KOF, swisstopo 2021
158	Pixabay/TheOtherKev
163	Nora Brede
167	Nora Brede
169	Pixabay/blende12
170	Pixabay/Free-Photos

Register